U0299319

超人气的

绿色宠物盆栽

王胜弘　花草游戏编辑部◎著

My Little Potted Garden

海峡出版发行集团 | 福建科学技术出版社
THE STRAITS PUBLISHING & DISTRIBUTING GROUP | FUJIAN SCIENCE & TECHNOLOGY PUBLISHING HOUSE

目　录

超可爱的人气绿色宠物盆栽

第1章　毛茸茸绿宠　毛茸茸讨人喜欢的盆栽

第2章　小怪兽绿宠　功能或外形特殊的奇妙盆栽

第3章　昆虫般绿宠　昆虫模样的可爱盆栽

第4章　水世界绿宠　具有清凉水感的盆栽

目　　录

第5章　美食般绿宠　秀色可餐的美观盆栽

E N T

附录 打扮你的绿色宠物 5大装饰技法完全剖析

超可爱的
人气绿色宠物盆栽

品种介绍+栽培方式+养护要领+应用建议

看到花店琳琅满目的小盆栽，绿油油的好可爱，

好想在办公室或家里养上一盆，

但又担心照顾不好，工作太忙没空浇水怎么办?

在此介绍50款外形独特的绿色宠物盆栽，

这些植物大多具有适合室内种植且不需太常浇水的特性，

你一定能找到喜欢的专属绿色宠物!

小怪兽绿宠：
功能或外形特殊的奇妙盆栽

毛茸茸绿宠：
毛茸茸讨人喜欢的盆栽

昆虫般绿宠：
昆虫模样的可爱盆栽

水世界绿宠：
具有清凉水感的盆栽

美食般绿宠：
秀色可餐的美观盆栽

C | H | A | P | T | E | R | 1

第1章

毛茸茸绿宠

毛茸茸讨人喜欢的盆栽

毛茸茸的宠物滑顺好摸，最讨人喜欢，
许多绿色植物也具有这般绵密的触感，
等着你来亲近……

月兔耳
毛茸茸似兔耳的人气多肉绿宠

英文名 | Pussy's ears
拉丁名 | *Kalancho tomentosa*
科　名 | 景天科

哪里来的兔宝宝？
偷偷露出毛茸茸的长耳朵，
可爱得让人好想摸一摸！
月兔耳是强健品种，很容易繁殖栽培，
利用叶插法就能生出一堆，
看到一窝又一窝的小兔子，
不但有趣，也超有成就感呢！

观赏期 | 全年1～12月
开花期 | 每年夏季6～8月
叶插适期 | 每年春末4～5月或秋季9～11月

栽培方式｜喜爱阳光充足，温暖干燥的环境。

适合环境｜可以晒太阳，但夏天还是要适当遮阴。光线如果不足，兔耳的褐色斑点会变淡，绒毛也会失去光泽。雨季时注意不要淋雨，否则容易烂掉。

植物特色｜多年生多肉植物，植株矮小，全株布满白色绒毛。叶子奇特，披针状、长椭圆形，叶肉质，颜色灰绿，叶缘有红褐色或咖啡色的斑纹，搭配密被的细白绒毛，神似兔子耳朵。夏天会开花，但不易见到。

用土｜以排水良好的沙质土壤为佳，可用泥炭土混合蛭石、珍珠石来栽培。

水分管理｜土壤干透再浇，水分过多或不足都会引起叶片掉落。浇水时勿浇叶片，水珠在绒毛上不易蒸发，易成水伤。

肥料｜对肥料要求不高，想使其长快些，可每月施一次稀薄液肥，就足够了。

繁殖技巧｜以叶插为主。摘取叶片后，晾几天把伤口晾干，即可插入介质中，约20天后便能发根。月兔耳非常强健，叶片即使断裂不完整，也能当作叶插材料。

应用建议｜月兔耳只要处于生长适期就很容易冒芽。毛茸茸一片十分可爱，不论是小盆单株或是多棵密植都各有欣赏情趣。

｜达｜人｜示｜范｜

■从魔术帽绷出的小兔兔

材料｜毛根、珍珠石、空罐、月兔耳

创意概念｜重现最经典的魔术手法。随手利用身边的空罐，并用毛根缠绕出帽子形状，接着将珍珠石等介质填入空罐，约八分满，再将月兔耳的叶片扦插至罐里，就仿佛随时会从帽子中跳跃出小兔兔。

乌帽仙人掌
绿油油的毛刺米老鼠

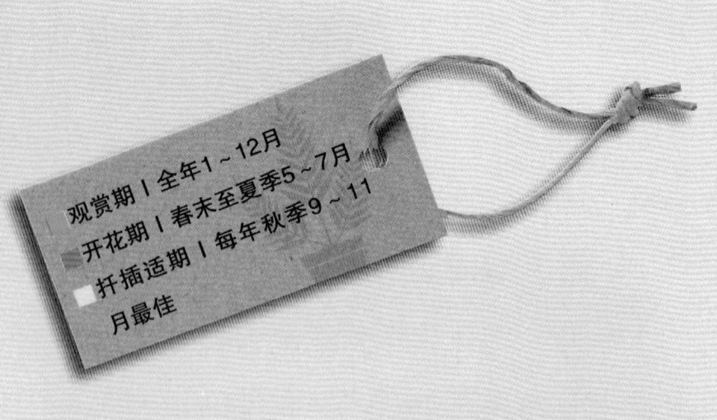

英文名 | White bunny ears
拉丁名 | *Opuntia microdasys var. albispina*
科　名 | 仙人掌科

一片片扁圆的叶状茎，
不断相连生长，
很多时候就是这么凑巧，
一块大扁圆的上头，
恰恰好长了两颗小扁圆，
看起来活脱脱就像
迪士尼卡通中的灵魂人物——
米老鼠一样，
可爱得让人爱不释手。

栽培方式｜排水要良好，土壤长期潮湿茎易腐烂。

适合环境｜原产自墨西哥沙漠区，喜欢阳光充足、干燥的地方，但是最好不要过分酷热曝晒。终年常绿，属于强健品种，冬天断水迫使植株休眠，来春就会开花。

植物特色｜属于团扇类仙人掌的一员，外观看起来像米老鼠，也像兔子耳朵。叶子退化为针状芒刺，肉茎上一点一点即为刺座，不可因为植株长得可爱就用手去摸，芒刺易脱落而插入皮肤中。

用土｜介质的排水性必须特别加强，可使用肥沃且透气性良好的沙质土壤。

水分管理｜茎肉质厚，不可经常给水，否则容易导致烂茎或烂根。冬天水分蒸发不易，更应注意尽量保持干燥环境。

肥料｜生长缓慢，毋需重肥。可每月供给一次低浓度氮肥，即能生长良好。

繁殖技巧｜以扦插法繁殖。将成熟的茎剪下，平放在砂土上面，等伤口干后直接插于介质中，就会长根成活。伤口干的时间可久一些，放上1～2周也没关系。

应用建议｜乌帽仙人掌如米老鼠般的可爱外形，让人眼睛一亮，最适合作为小朋友认识仙人掌的入门教材，日照不足易徒长走样。

｜达｜人｜示｜范｜

■偶尔也要推出去晒太阳的米奇宝宝

材料｜推车花器、乌帽仙人掌

创意概念｜米老鼠的独特外形，让乌帽仙人掌不论搭配何种花器都能产生不同的解读趣味。多肉植物虽然不太需要费心照顾，适时的日照也很重要，有空记得推出去晒晒太阳。

海豚花

叶片毛茸茸，花朵像海豚

英文名 | Cape Primrose
拉丁名 | *Sterptocarpella saxorum*
科　名 | 苦苣苔科

细长的花茎，向四面八方伸展着，
娇美可爱的蓝紫色花朵，终年轻轻地挂在茎梢上。
当日照充足时，花儿便开得异常茂盛，
仿佛吸饱了光，晶莹透亮，
数量多得像一群热情的蓝舞娘，快乐地舞蹈。

栽培方式｜适度光照，在温暖气候下可终年开花。

适合环境｜适合半日照，但其实只要避开艳阳直射，都能长得漂亮。光线充足的话，几乎全年开花，栽培容易。气温若低于10℃以下，必须保暖以防寒害。

植物特色｜又名直立堇兰，多年生草本，原产于南非。植株易长出分枝成丛状。叶呈圆形或长椭圆形，叶端渐尖，肉质，表面布有细毛。花茎从叶腋长出，每梗着生3～7朵花，花色有紫、白，基部合成筒状。

用土｜选择排水性佳的介质栽培，使用培养土混合蛭石或是珍珠石来调配。

水分管理｜以土表干燥再浇透即可，勿让盆器水盆积水。另外若环境不通风，浇水时水珠残留叶面，将易形成水痕。

肥料｜每3个月定期施肥一次，可选用含磷成分较高的肥料，以促进开花。

繁殖技巧｜繁殖以扦插为主，最理想时间是气温在20℃时。选择靠顶端较嫩的枝条，修除基部叶子，等伤口干燥之后，直接插入介质中，约1星期就会生根。

应用建议｜海豚花具匍匐性，以吊盆种植能充分欣赏到它的悬垂之美，细致的绒毛叶片尽可能不要碰水，以免造成水痕或溃烂。

｜达｜人｜示｜范｜

■淡雅时尚的海豚桌花

材料｜造型套盆或容器、海豚花

创意概念｜海豚花具有细密的绒毛和淡雅的紫花，植株整体给人一种轻盈的蓬蓬感，可以说相当耐看，搭配具有现代感的花器，旁边再以缎带不经意点缀，优雅迷人，作为桌花欣赏或小宠物把玩都很适宜。

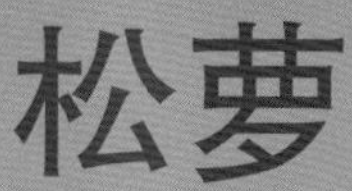

松萝

卷发飘飘的绿色小可爱

英文名 | Usnea
拉丁名 | *Lichen Usneae*
科　名 | 苦苣苔科

紧抱大树的细丝，如绵绵情意纠结缠绕，
特殊生长的形态，
使得松萝自古便经常出现在诗歌中，
用来比喻夫妻或爱侣间的关系。
它是地球最古老的生物之一，
奇特的长相，让人赞叹自然界的惊奇。

栽培方式｜喜欢多湿多雾环境，周边空气要新鲜。

适合环境｜喜光，在露天的环境下，可任其风吹日晒，一样生长良好。虽然具有超高的耐寒及耐旱性，却特别要求空气新鲜，若大气受到污染，是无法存活的。

植物特色｜生于山林中，枝状地衣的一种，淡绿或淡黄色，像丝线般垂挂在树干上，对生长的环境要求很高，堪称环境污染指标。具有抗菌物质，有清热解毒、止咳化痰等药物功效，可治疗烧烫伤、中耳炎等。

用土｜不需要土壤，挂在竹条、铁丝、花卉或植物枝条上，都可正常生长。

水分管理｜喜欢水汽，虽然可以从空气中吸收水分，但仍需要每周完全浸入水中直至湿润，平时可稍喷雾保持环境湿度。

肥料｜对肥料要求不高，可每个月施肥一次，将液肥稀释以喷雾方式进行。

繁殖技巧｜生长缓慢，主要依靠营养繁殖。若松萝已垂长得蓬松又茂密，可以利用植物体断裂来产生新的个体。通过整理与修剪，可将松萝从一株变成多株。

应用建议｜丝线般飘逸微微卷曲的松萝，在造型上可塑性高，除了悬挂窗台欣赏之外，亦可将它沿着特殊造型的支架缠绕，营造出喜爱的形状。

｜达｜人｜示｜范｜

■爱心小树

材料｜铝线或铁丝、松萝

创意概念｜银光闪闪的松萝本就吸引人，再将铝线或铁丝折成心形棒棒糖状，将松萝缠绕在线框外，然后插在人造绿苔小盆栽上，就成了独一无二的爱心小树啰！

熊童子

圆嘟嘟还留红指甲的小熊掌

英文名 | Bear's paw

拉丁名 | *Cotyledon tomentosa ssp. ladysmithiensis*

科　名 | 景天科

谁能比我美？多肉植物的人气首选，
涂了指甲油的小肉掌，圆滚滚胖嘟嘟的，
宛如初生的小熊脚掌，
让人有种置身童话世界般的感觉。
看看日本人所取的名字“熊童子”，
实在可爱又贴切极了！

栽培方式｜生长环境要干燥，土壤排水良好。

适合环境｜选择光线充足的地方，且需注意通风，但要避免阳光直晒，以防灼伤。冬天气候较冷时，若是日照充足，熊童子的爪子就很容易变成可爱的红褐色。

植物特色｜原产于非洲，植株高约15厘米，属于小型的多肉植物。叶片呈翠绿色，肉厚饱满，并布满白色短绒毛，叶缘有爪样突起，日照充足时爪子会转成红褐色，就像初生的小熊掌，毛茸茸的模样，人见人爱。

用土｜以排水良好的沙质土壤为佳，可用泥炭土混合蛭石、珍珠石来栽培。

水分管理｜性喜干燥，放置地点要通风，不淋雨。盆土干了再浇水，水分尽量不要沾到植株，由于绒毛不易干燥，可能引起植株害病。

肥料｜春秋两季生长力旺盛时，可以每月薄施一次液肥，叶片就会很厚实。

繁殖技巧｜以叶插为主，取下单叶，平放土表，约1个月就会生根及小植株，届时再插土即可；或是选用茎节充实、叶片肥厚的插穗，等伤口干燥后插于沙床。

应用建议｜熊童子于冬至春生长期时尤其茂盛好养，如果生长太茂密而过于凌乱，可修剪使之齐整，并将剪下来的小熊叶片用来扦插。

|达|人|示|范|

■熊童记事夹

材料｜铝线或铁丝、熊童子

创意概念｜工作太忙没空陪宠物，而且常常忘记事情吗？就让特制的熊童子记事夹帮你记住大小事。栽种于室内的熊童子，记得一个礼拜拿到室外日照3天，特别是冬种型的熊童子，在温度低于15℃时，叶的缺刻部分颜色才会转黑。

绿钻

芝麻开门冒出的绵密小绿芽

英文名 | Dragon Fruit
拉丁名 | *Hylocereus undatus* 'Fon-Lon'
科　名 | 仙人掌科

很少人知道，
绿钻其实就是火龙果的宝宝，
长大后张牙舞爪的火龙果，
幼时的长相是那么惹人怜爱。
以种子盆栽方式，
把它密密地植入盆中，
当冒出小芽后，
一整个绿草如茵，
令人好生欣喜。

观赏期 | 全年1～12月
开花期 | 每年夏季5～8月
播种适期 | 每年秋季9～11月

栽培方式｜喜欢阳光充足、排水性佳的地方。

适合环境｜可置于强光下。日照不足易让小苗伸长脖子，统统往同一个方向弯，最好隔三差五转动一下盆器的方向，让每一面都能均匀受光，才能长得整齐漂亮。

植物特色｜火龙果幼苗，因为翠绿讨人喜欢，被园艺业者以种子盆栽形式栽培，并取了一个美丽名字“绿钻”。密植丛生的绿钻，看起来就像可爱茂密的小森林，不过它长大后就可结出具有经济价值的水果，水果营养价值颇高。

用土｜宜选通气性、排水性良好的介质，像有机质丰富的沙质土壤就不错。

水分管理｜植株生长于热带，对水分的要求并不高，可以一星期喷水一次就好，免得小苗迅速长高，导致徒长。

肥料｜强健品种，少量施肥也能生长良好。种子未发芽前，不可使用肥料。

繁殖技巧｜利用播种才能种出小森林。取出火龙果的种子，完全洗净之后风干，铺在土表上，再铺一层薄薄的土，每天以喷雾方式浇水，一星期就会发芽。

应用建议｜绿钻密植时绿绒绒一片最是好看，介质只需装八分满，让盆器边缘能固定住小苗，避免东倒西歪，如果想维持低矮小巧，发芽时每天需日照两小时，或置于书桌台灯下，以免因日照不足而徒长。

｜达｜人｜示｜范｜

■忙里偷闲
来一个绿钻下午茶点

材料｜蛋塔杯、绿钻

创意概念｜累了吗？让眼睛休息一下，吃口甜蜜蜜的蛋塔再搭配养眼的绿钻，让绵绵的绿意带给你好心情。

宝山丸
探头向主人讨食的绿色土拨鼠

英文名 | Rebutia minuscula
拉丁名 | *Rebutia minuscula K.Schum.*
科　名 | 仙人掌科

属于子孙球属，小巧玲珑的球体外形，经常成群丛生，大大小小、一球一球，相依相偎地挤在盆器中，模样相当可爱。适应能力强，好种好养，适合家庭栽培，不少上班族喜欢把它摆在办公室，当作解闷小品。

栽培方式｜不耐阳光直射，喜欢温暖与干燥。

适合环境｜喜阳光充足，但不耐艳阳直射，以半日照最佳，光线不足容易形成徒长，使得球体抽长拉高。栽培地点通风要良好，冬季移至温暖位置，以防寒害。

植物特色｜体形矮小的多肉植物，扁球形，球体呈绿色，密被白或黄色短刺，常由基部分生子球，并大量群生。春夏时节开花，花自球体基部生出，花容亮丽，花色鲜艳，个虽小但量大，因此花朵也是欣赏重点。

用土｜以等量泥炭土、蛭石、腐叶土混合，再加少量碎蛋壳等石灰质材料。

水分管理｜土干再浇，维持盆土湿润不积水。浇水时不可浇淋植株顶部，以免水分久积于球顶的小坑内，造成腐烂。

肥料｜生长不快，少肥，可以每个月施一次肥，以低氮、高磷钾肥料为主。

繁殖技巧｜扦插最方便，也容易存活。将子球掰取摘下，晾干几天等伤口干燥，便可直接插于介质中。亦可使用分株法，从根部分出数棵栽于土中，也易成活。

应用建议｜宝山丸喜爱日照，但是在半日照环境也生长良好，对肥料需求也少，再加上外形可爱，很适合在室内以小盆栽种植欣赏它可爱的株形。

|达|人|示|范|

■住在南瓜瓮里的小可爱

材料｜南瓜形花器、宝山丸

创意概念｜外形圆滚滚的宝山丸，在阳光不足下容易徒长，变成尖尖的模样，而多变的形状颇具想象空间，可以养在你喜爱的花器里，时而是探头而出毛茸茸的小毛鼠，也有可能是浑圆的小西瓜。

黄金万年草
星星铺成的嫩黄地毯

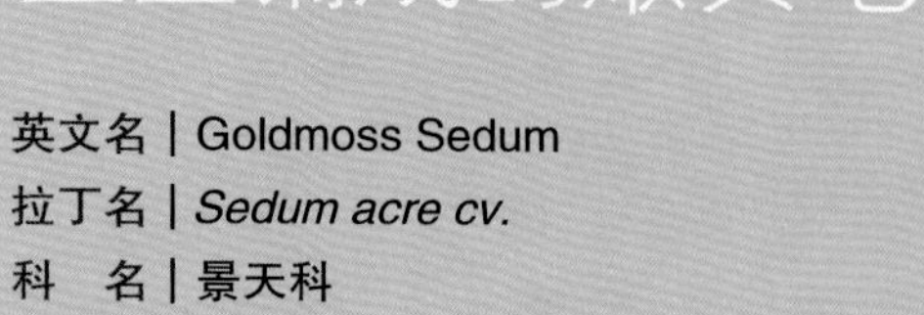

英文名 | Goldmoss Sedum
拉丁名 | *Sedum acre cv.*
科　名 | 景天科

黄澄澄袖珍小草，闪闪动人好阳光，
喜欢匍匐地面成片生长，
像极了不小心洒在地上的金色稻谷。
好种又长得快的特性，
使得欧美、日本等地人士特别钟爱它，
将它广植在屋顶作为绿化之用。

观赏期 | 全年1～12月
开花期 | 春季3～5月
扦插适期 | 春末至秋季
5～10月最佳

栽培方式｜土壤不要太过潮湿造成积水即可。

适合环境｜不怕艳阳，随便野放也能生长良好，常应用为地被植物，看似袖珍娇弱，其实非常强健，只要阳光充足、环境通风，不管屋顶、地面都能密布，茂盛地生长。

植物特色｜又名阳光景天，原产于欧洲，园艺品种，多年生草本。看似一棵棵低矮金黄小花，实为肉质叶片，叶表并有结晶状突起，模样惹人怜爱。茎具匍匐性，最多长到6～7厘米就会侧躺，接触地面会生不定根。

用土｜使用排水良好的介质，沙质土壤最佳，或以培养土混合蛭石也可以。

水分管理｜颇为耐旱，稍微湿一点也能适应，但是浇水仍以土干再浇为宜。若是土壤长期过湿，植株很容易就会烂掉。

肥料｜每个月施肥一次，可选用以氮磷为主的肥料，液肥或颗粒肥都可以。

繁殖技巧｜扦插是最好的繁殖方式，剪下约10厘米的健康枝条，静置几天待伤口干燥，再将之插入介质中。若枝条已长不定根，剪下后压入土中，亦可繁殖。

应用建议｜春季是黄金万年草的开花期，成片金黄灿烂的小花非常亮眼，请尽可能置于阳光充足或是室内晒得到太阳的窗口，不论是当作地被或是以吊盆种植都很适宜。

｜达｜人｜示｜范｜

■满溢而出的绿色金币

材料｜珠宝盒、珠串、黄金万年草

创意概念｜黄金万年草在阳光照耀下，嫩绿且小巧迷人。花开时金黄灿烂，将植栽放在珠宝盒或小木匣里，就如同满溢而出的金币，只要再用简单的珠串装点，就会是令人眼睛一亮的绿色摆饰。

黑美人
柔密黑亮美人发

科　名｜爵床科

因油亮的墨绿色泽像秀发
而有“黑美人”之称，
令人忍不住想触摸。
又因其卷曲嫩圆饱满的叶片，
轻压会有弹性如弹簧而有“弹簧草”之名。
叶片质地硬而紧密，
耐旱，但缺水易失光泽。
花朵极小无欣赏价值。

观赏期｜全年1～12月
开花期｜春季3～5月
扦插适期｜春至夏季3～8月

栽培方式｜半日照即可，室内需加强光照。

适合环境｜黑美人耐旱耐阴，喜好高温多湿，半日照环境亦佳。室内种植时需注意光线充足，否则叶片会变浅。缺水也会使叶片失去光泽。

植物特色｜黑美人又名“披散爵床”，叶片呈圆形或心形，中央肋脉明显，叶片微皱向上隆起，植株高5～10厘米，市售小盆栽的低矮紧密往往是因为加了矮化剂，如果不欲施用，可用加强日照或修剪来改善。

用土｜适合松软、排水良好的土壤，例如沙土或质地较松软的培养土。

水分管理｜土干再浇即可，不宜过度闷湿，但缺水过度会使叶片失去光泽，可定时喷水以保持湿度。

肥料｜每月施以一次的氮磷钾肥适量，氮肥多些可促进叶色美观。

繁殖技巧｜主要采用扦插法，可于春至夏季剪枝扦插于河沙或细蛇木屑，10余天能发根。

应用建议｜一般以小品盆栽欣赏为主，或是组合盆栽、玻璃花房的配角，也有人以约12厘米吊盆种成悬垂状，但悬垂效果不佳，建议以浅盆种植更美观。

｜达｜人｜示｜范｜

■帮你消气，黑美人“啵啵”气泡袋

材料｜水苔、气泡袋、麻绳、黑美人

创意概念｜鼓鼓的气泡袋令人忍不住就“啵啵啵”地捏起它，黑美人柔柔亮亮反卷下凹的叶片轻压的触感也相当好玩。以水苔包覆根部，置于气泡袋内，再用麻绳收束，烦闷时“啵”一下，保证令你消气。

C | H | A | P | T | E | R | 2

第2章

小怪兽绿宠

功能或外形特殊的奇妙盆栽

不要以为只有会动的生物才会搞怪，

植物界里其实有很多高手，有的会捕虫，有的挂着不管也能活，

奇特好玩，你认识的有几种？

筒叶花月
植物界的史瑞克

拉丁名 | *Crassula oblique 'Gollum'*
科　名 | 景天科

筒状的叶形，
超像卡通巨星史瑞克的耳朵，
让人好想往里头挖，
看可不可以像电影一样，
挖出蜡烛来。

观赏期 | 全年1～12月
开花期 | 春末至秋季5～11月
扦插适期 | 每年春末至秋季5～11月最佳

栽培方式｜光线充足，喜欢干燥温暖的地方。

适合环境｜喜欢阳光，但要避免强光直晒，因此以半日照为佳。昼夜温差大的话，叶端的红色会更鲜艳。不耐寒，冬季寒冷要移至温暖处，否则容易冻伤死亡。

植物特色｜多年生草本植物，原产南非，为长期栽培的变异种。茎肉质圆形，叶密集簇生于茎端，叶色鲜绿，形如筒状，叶端斜截成椭圆形，中间凹陷。天气冷时，截面边缘会出现一圈紫红色，相当漂亮。

用土｜介质排水要好，以等份珍珠石、蛭石及泥炭土，加调赤玉土、唐山石。

水分管理｜颇能耐旱，忌水湿，浇水方式为3～5天浇一次即可，可视盆土完全干燥后再浇透，不可积水，以防烂根。

肥料｜肥分不宜过多，约每个月施肥一次即可，以稀薄液肥或缓效肥为主。

繁殖技巧｜扦插为主，筒叶花月夏季不休眠，可用成熟健康的叶片或肉质茎来扦插。叶片剪下后数天等切口干燥，再插于介质中，2～3周就会生根，易存活。

应用建议｜筒叶花月单株外形如同史瑞克的耳朵，密植时一片翠绿极为好看。掉落在盆土表面的叶片往往会萌出小苗，欣赏小苗萌出也是很有趣的过程哦！

|达|人|示|范|

■史瑞克毛线娃娃

材料｜毛线、车缝线、水苔、筒叶花月

创意概念｜史瑞克最好辨识的特征就是那对筒状绿耳朵，这也是筒叶花月外观的特征。只要利用水苔包覆筒叶花月做出球形，用车缝线稍微塑形，再以毛线缠绕作为上色，轻松就完成史瑞克毛线娃娃。

稚儿麒麟

浑身长软刺的绿色神兽

观赏期 | 全年1～12月
开花期 | 冬季12月至隔年2月
扦插适期 | 每年春末至秋季5～11月最佳

英文名 | Euphorbia pseudoglobosa
拉丁名 | *Euphorbia pseudoglobosa Marloth*
科　名 | 大戟科

这是外星球来的异形？
还是迷你狼牙棒？
但可别被它吓人的外表骗了！
稚儿麒麟其实柔软又可爱，
质软群生的模样，就像一盆茂密的野菜。

栽培方式｜喜欢阳光，易丛生，环境要通风。

适合环境｜怕低温，气温10℃以下就会冻伤，寒流来袭必须做好防冻保护。喜欢充足的阳光，全日照的环境也没问题，生性强健，适合作为入门款多肉植物。

植物特色｜原产于南非，也叫“扇塔”，生长缓慢，植株有丛生的习性。茎肉质，直立柱状，全株鲜绿色，身上一根根的“刺”其实都是软的，而且会从肉茎顶端不断生出球状分支。冬天开花，花朵位于分支顶端，个小，色黄。

用土｜对于介质并不苛求，选择排水性佳的沙质土壤，或土中加调排水介质例如发泡炼石等。

水分管理｜耐旱植物，水分需求不高，3～5天浇一次水。凉冷季节供水必须再减少，且不可积水潮湿，免得烂根。

肥料｜生长缓慢，少肥。约每个月施肥一次，选择稀薄液肥或缓效肥为主。

繁殖技巧｜以扦插最为方便，将最顶端侧生的球状分支切下，等待数天让伤口干燥，再插入疏松的介质中，保持表土湿润，约30天生根后，就可移入盆中栽植。

应用建议｜稚儿麒麟耐旱喜全日照环境。室内种植时，3～5天浇一次水，不宜过量以免植株软烂；同时给予充足光照，不论是人工光源或窗台日照，光线充足，植株就能有强健体魄供你长期欣赏。

｜达｜人｜示｜范｜

■破蛋而出的神兽娃娃

材料｜蛋壳、人造苔块、驯鹿水苔、稚儿麒麟

创意概念｜用人造苔块与驯鹿水苔创造出原始生态丛林，在蛋壳中用水苔作为介质，浇水以不超过蛋容积的1/10，约两星期浇一次水。

小毛毡苔
闪闪动人的小红毛怪

英文名丨Spathulate Sundew
拉丁名丨*Drosera spathulata Lab.*
科　名丨茅膏菜科

这是一种最常见的食虫植物，
模样就像艳丽的小怪物，
叶片上的腺毛总带着晶莹黏液，
仿佛对着小昆虫说道：
“快来吃麦芽糖唷！”
简直是山寨版的巫婆糖果屋，
真正邪恶又美丽！

栽培方式｜喜欢潮湿的地方，也喜欢晒太阳。

适合环境｜喜欢潮湿的山壁，在野外常与苔藓类混生，对环境的适应力算强。生长地点湿度要高，而且也喜欢阳光，若是全日照则全株呈红色，半日照则叶子呈绿色。

植物特色｜草本食虫植物，也称“地红花”，植株直径仅1元硬币大。茎短不明显，叶片根生，成簇开展，形状像汤匙，颜色可由绿到红色。叶面密生腺毛，腺毛会分泌黏液，以捕捉小昆虫，再利用消化液把虫体分解，获得氮素。

用土｜介质采用酸性泥炭土，并混合赤玉土、珍珠石以1：1：2的比例调配。

水分管理｜野外原生地为潮湿的岩壁或湿地，除了每天浇水之外，也要保持空气湿度，可放进玻璃缸或瓶子中栽培。

肥料｜贫瘠的湿地也能生长良好，施肥不必多，可每半个月喷洒薄肥一次。

繁殖技巧｜繁殖用叶插法最快速，将健康的叶片摘下，放在潮湿水苔上，大约1星期叶缘就会长出小苗，再将其移种新盆中，因植株小，可多棵种同一盆内。

应用建议｜小毛毡苔需要类似雨林的气候，用玻璃生态缸来种植颇为适合，同时也需要充足阳光。相对湿度高时，叶片上的黏液还会像粒粒珍珠般耀眼夺目。

｜达｜人｜示｜范｜

■玻璃缸里的小小雨林

材料｜玻璃缸、绿色水苔、小毛毡苔

创意概念｜小毛毡苔食虫，叶片上的腺毛带着晶莹黏液，静静地等待猎物上钩。你不妨在玻璃缸里铺上绿色水苔，为小毛毡苔营造一个湿气氤氲的雨林般环境，就可以不时欣赏到动物奇观里的捕虫大战啰！

虎克猪笼草
背着小瓶的食虫怪

拉丁名 | *Nepenthes × hookeriana*
科　名 | 猪笼草科

我叫虎克，但可不是海盗，
而且我热情好客，喜欢请
蚂蚁、苍蝇等小昆虫
到家里喝咖啡。
我的上、下位笼变异颇大，
许多爱花人对这点爱不释手，
觉得一物可当两物观赏，
真是赚到了！

观赏期 | 全年1～12月
开花期 | 春至夏季3～8月
扦插适期 | 每年春末至夏季
5～6月最佳

栽培方式｜潮湿温暖最适合，对低温很敏感。

适合环境｜最喜欢的温度在25～35℃，因此很适合在亚热带地区生长。光照需求度不高，略遮阴的半日照环境，就可以生长良好。不耐低温，20℃以下就得保暖。

植物特色｜藤本食虫植物，自然杂交种，植株莲座状，叶长15～30厘米，叶形呈槽状，革质。虎克猪笼草的下位笼像圆滚滚的球瓶，上位笼则抽长像号角一般，造型大不相同。笼身具红斑和血唇，外观很漂亮。

用土｜对介质不太挑剔，只要把握偏酸无肥的条件即可，一般最常用水苔。

水分管理｜高温高湿才能正常发育，生长期必须经常浇水，植株周边也要加强环境湿度控制，可利用喷水来让湿度提升。

肥料｜少肥或不肥，过度施肥会造成肥伤，可每月一次以稀薄液肥滴入瓶中。

繁殖技巧｜以扦插为主，选择生长健壮的枝条，剪下顶芽为插穗，基部以苔藓包裹，插入水苔的介质中，用塑料袋围起来，以保持温湿度，约20天即可生根。

应用建议｜虎克猪笼草耐阴，在室内光照充足处也适宜。唯不耐低温，冬季寒流来袭或气温低于15℃时，可于夜晚将它移到室内以避免寒风吹袭。

｜达｜人｜示｜范｜

■累了就泡泡澡放松一下吧
皂盒猪笼草

材料｜浴缸型花器（或皂盒）、虎克猪笼草

创意概念｜浴缸型小花器看了就让人好想泡个澡。在小浴缸里用水苔种上一棵猪笼草，放在桌台角落、窗边，不时提醒你再忙再累都要放松一下哦！

海豚紫瓶子草
像张嘴海豚一样的食虫植物

拉丁名 | *Sarracenia purpurea subsp. purpurea*

科　名 | 瓶子草科

胖胖的身躯就像小海豚，
在半空中跳跃翻飞。
活泼灵动的身影，大家团团围成圈，
一起摆动尾鳍来跳舞。
海豚瓶子草身上有着血管般的纹路，
多晒太阳的话，颜色光泽会更加漂亮！

栽培方式｜喜欢阳光照射，不怕冷也不怕热。

适合环境｜户外适应能力强，喜欢阳光充足的地方，因此全日照最为理想。瓶子草在野外多长于贫瘠的沼泽地，所以必须养在潮湿环境，可多喷水加以保湿。

植物特色｜多年生草本食虫植物，植株莲座状，从茎长出的叶片，具有捕虫功能。其外观如同开口向上的瓶子，瓶口有一圈厚唇，分泌蜜汁引诱小虫，瓶口上方还长了一片卷曲的瓶盖，叶有红色网纹，十分漂亮。

用土｜介质最好偏酸，可直接使用水苔栽培，或泥炭土加1/2粗沙亦可。

水分管理｜野外常年浸在沼泽中，因此环境要极湿润。以腰水套盆种植，在盆底垫上水盘，注水保持2～3厘米水量。

肥料｜少肥或不肥。若想使其快速长大，可每月一次以稀薄液肥灌入瓶中。

繁殖技巧｜分株或播种皆可，以分株较为方便。当侧芽长大时，可分开另行栽培，不过最好还是等土中的走茎再成熟一点，切开后发根及存活率应该会比较高。

应用建议｜瓶子草的中心有消化液，浇水时须注意不要让大量的水灌进瓶中，以免稀释消化液，造成瓶状叶倒伏。但若瓶中呈现干燥状态，可补充过滤水保湿。

|达|人|示|范|

■桌上的海豚瓶子草乐园

材料｜白瓷椭圆花器、水苔、海豚瓶子草

创意概念｜取用白瓷椭圆花器，在里面铺上水苔，种入海豚瓶子草，仿佛小海豚探头而出嗷嗷待哺，让它在桌子上陪伴你，再忙碌的人看了，也忍不住发出会心一笑。

捕蝇草
红唇女神的迷人陷阱

英文名 | Venus Flytrap
拉丁名 | *Dionaea muscipula*
科　名 | 茅膏菜科

红艳的叶片内侧像嘴唇般迷人，
叶缘却有着利齿状的刺毛，
叶片独特的外形像红唇也像长睫毛，
深具女性魅力，然而它可是狠角色，
具有捕食虫蝇的本能，
如果苦于蚊虫烦人，不妨种上一株。

栽培方式｜喜爱阳光充足、土壤潮湿且水分洁净。

适合环境｜捕蝇草原产于美国卡罗莱纳州的辽阔草原湿地；潮湿温暖的气候对捕蝇草来说算适宜，但亚热带地区夏季的高温对它而言稍热，一般来说以半日照环境为佳。

植物特色｜捕蝇草在感受到猎物第一次靠近时，不会立刻猎捕，直到第二次碰触，才会展开捕食。春夏生长季叶片油绿茂密，植株挺立，且会开白色小花；冬季休眠时，叶子会转红并渐渐枯落，植株也会变得软垂略瘫。

用土｜捕蝇草偏好酸性介质的土壤，且由于它是由根部呼吸，因此可选无肥的泥炭土混用沙子约1∶1，使其排水良好。也可混拌少量蛭石及珍珠石。

水分管理｜春夏生长适期可每日浇一次、秋冬则一、两天浇一次。介质需保持湿润，以雨水或洁净的软水为佳，矿泉水不宜。

肥料｜捕蝇草原产于贫瘠的湿地，对肥料的需求不高，偶尔对它喷洒稀释过的液肥即可。

繁殖技巧｜可用叶插、种子、分株来繁殖，但种子不耐保存，采收后尽快播种。叶插可将其捕虫夹连同叶柄基部（白色）一起剥下，去掉绿色部分，将白色叶柄基部放到介质上，给予明亮光照及保湿，数周后即会冒出新芽。

应用建议｜室内有充足日照处亦可栽种，可以捕食蚊蝇，但可别当它像含羞草一样去玩弄叶片的捕虫夹或是拿生肉去喂食它，以免消化不良导致植株腐烂。

|达|人|示|范|

■乐高积木小花器

材料｜乐高积木、水苔

创意概念｜想不到吧？小小的乐高积木堆叠起来的平面空隙，铺上水苔就可种上一棵捕蝇草。但食虫植物对水分要求较高，必须使用软水或是过滤水、隔夜水。若只用自来水，其中的氯会导致捕蝇草死亡。应尽可能摆放在阳光充足处。

北领地茅膏菜——红孔雀
美如孔雀开屏的捕虫高手

拉丁名丨*Drosera paradoxa*
科　名丨**茅膏菜科**

**长长的叶柄上有着烟火般
红艳的点点叶子，
像孔雀开屏般灿烂夺目，
很难不为“红孔雀”
迷人的外形所吸引，
其花朵却是清新可人的白或粉色，
很难想象竟是捕虫界的美女杀手。**

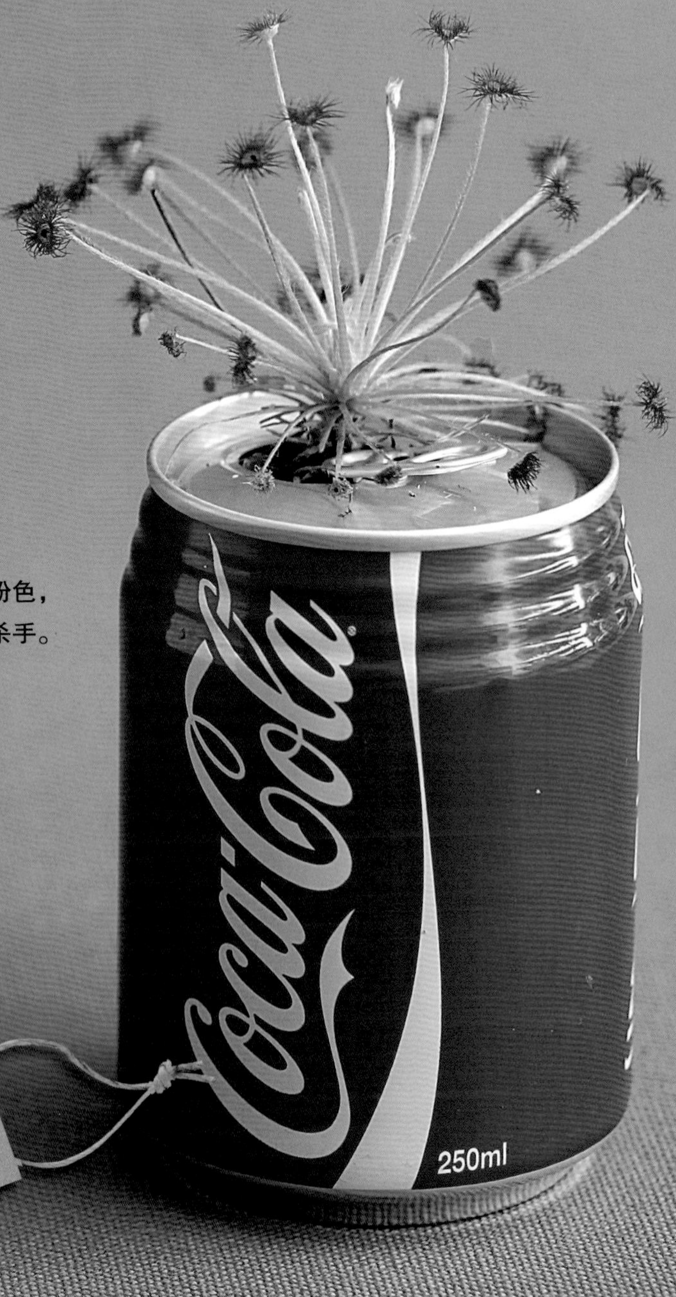
Coca-Cola
250ml
观赏期丨春~秋3~11月
休眠期丨春~夏4~8月
叶插适期：春~秋3~11月

栽培方式｜高温多湿怕冷，土干再浇并保湿。

适合环境｜北领地茅膏菜原产于澳大利亚北领地和西澳大利亚州，生长于河岸边的沙地，适于28～45℃的全日照环境，不耐低温，若低于15℃须做好御寒措施以越冬。

植物特色｜属多年生草本植物，“红孔雀”是食虫植物北领地茅膏菜十几个品种中，较易栽培的一种。充足日照下，植株会呈现美丽的红色，因此得名。其木质化茎可长到30cm，叶片直立，叶柄细长，2～3cm，上方的捕虫叶呈辐射状的圆形排列。花梗长20～40cm，开粉红或白花。

用土｜适用排水良好的沙土、赤玉土等介质调配，可采用泥炭土：椰纤＝1：1，或泥炭土：沙土＝1：1，或泥炭土：珍珠石＝1：1

水分管理｜其叶柄长满了白毛，有助于吸收露水，建议采用腰水法或棉线吸水法让水分从底部吸收，就可维持其毛茸茸的外观。若采用浇水方式，务必土干再浇，但不能让介质整个干掉。

肥料｜红孔雀原产地为贫瘠沙地，对肥分需求不高，偶尔施用稀释过的薄液肥即可，过量反而有碍生长。

繁殖技巧｜以种子、组织培养为主，专业培育者较易成功。一般栽培者可用叶插进行，选取健康叶片从母株上面拔下，稍微清洗，铺在已浸湿的水苔上，大约20几天即可见到小叶冒出。

应用建议｜“红孔雀”的植株和花朵都极具欣赏价值，食虫功力佳，堪称好看又有趣，且能减少蚊蝇干扰。只要给予充足日照并注意介质保湿，就能时时欣赏到她红艳有神的美态！

｜达｜人｜示｜范｜

■火红有劲的孔雀开“瓶”

材料｜可乐空罐

创意概念｜打开瓶盖，气泡瞬间跃动欢乐气息。先在易拉罐空罐中塞入水苔，红孔雀的根系较长，因此可先用水苔包覆，再慢慢用夹子塞入瓶中，同时在罐底打洞以增加排水与透气性。

碧鱼莲

鱼嘴张开却不吃饵

观赏期 | 全年1～12月

开花期 | 冬季1～2月

扦插适期 | 秋到春季10月至隔年4月

英文名 | Echinus maximilianus

拉丁名 | *Echinus maximilianus*

科　名 | 番杏科

肥厚菱状的对生叶片，
就像张嘴讨食的鱼儿，
碧鱼莲的名字令人
不难联想它的鱼嘴状外形，
给它充足水分及
半日照以上环境，
就能长得饱满可爱！

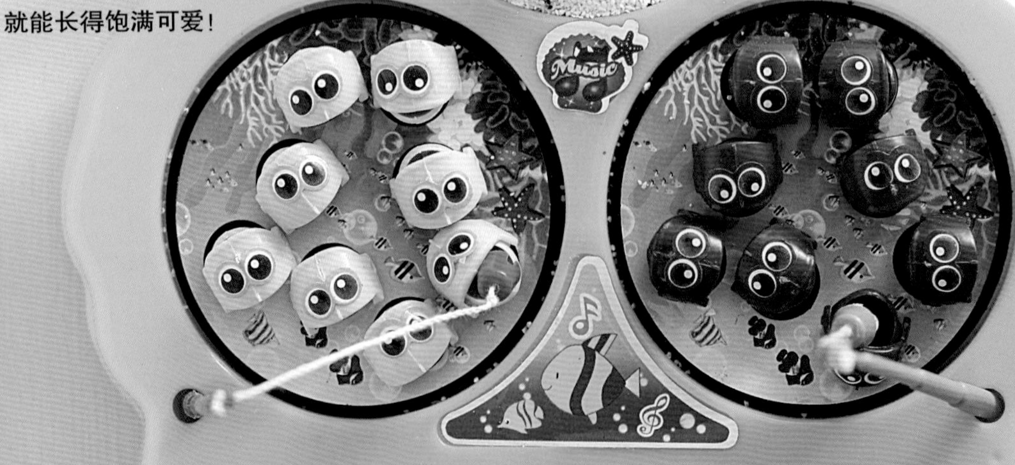

栽培方式｜半日照半耐阴，夏季休眠宜遮阴。

适合环境｜碧鱼莲适于半耐旱环境，半日照以上就可生长良好，光照充足的室内已足矣，适温15～25℃，夏季可适时遮阴帮助度夏，冬季过冷或寒流来袭可将它移到室内御寒。

植物特色｜碧鱼莲属番杏科，该科植物主要分布在南非一带的半干旱环境，肥厚多肉的叶片是主要特色。其中，碧鱼莲菱状略成方块状的肥厚对生叶片，和其长相近似常被误认的还有同科的姬神刀和鹿角海棠。

用土｜排水良好的壤土为佳，可选用沙土，或泥炭土、珍珠石、蛭石以1∶1∶1的比例混合而成。

水分管理｜春秋生长季时土干再浇透，忌潮湿积水或完全干燥，水分不够的话叶片易变皱。夏季休眠时可喷雾降温助度夏，冬季水分不宜多。

肥料｜对肥分的要求不高，刚栽培时可施用少许有机肥作为基肥；生长季可略施薄肥。

繁殖技巧｜以扦插繁殖为主。可选健康老枝条将它剪下，插入排水良好的湿润培养土中，春秋生长季尤其容易繁殖。盆栽两三年后建议多扦插繁殖令植株新生。

应用建议｜碧鱼莲半日照环境就可生长良好，室内光线充足的桌面摆放也合适。若想在冬季花期欣赏到其粉红花朵，建议多晒太阳，才不致徒长。

|达|人|示|范|

■钓鱼机里的迷你植物园

材料｜钓鱼机、水苔、碧鱼莲

创意概念｜只要有心，任何器物都可以是花器，钓鱼机放进水苔等介质，再养上鱼嘴般的碧鱼莲，就成了活生生的迷你植物园。然而钓鱼机不具排水孔，浇水时请用滴管从根部给水，一至两星期浇水一次即可。

小章鱼空气凤梨
挂在窗台耍酷的章鱼哥

英文名 | Bulbosa
拉丁名 | *Tillandsia bulbosa*
科　名 | 凤梨科

细长的手臂随意扭曲，
诡异得像只外星生物，
也像离开海水的章鱼。
摆这里也好、放那边也行，
完全毋须种在土里，
甚至不必费心照应，
照样生龙活虎。
堪称懒人植物的极致。

栽培方式｜注意环境通风，并需要较多光线。

适合环境｜适合全日照或半日照，光线太暗容易死亡，但也要避免艳阳直晒所引起的晒伤。夏季温度若高于25℃时，摆放位置要加强通风，以防闷热而致病。

植物特色｜又名“小蝴蝶”，原产于巴西、墨西哥等地，植株高仅7～10厘米，基部有如壶状，叶细长如柱形，光滑弯曲，倒过来看很像扭动腕足的小章鱼。春或秋季开花，花朵具红柄，花色为蓝紫色，并抽出呈管状。

用土｜小章鱼属于空气凤梨，附着于岩壁或树干，栽种时只需用铁丝架起悬挂附着，不需用土。

水分管理｜大多数的空气凤梨主要是由叶片上的绒毛吸收空气中的水分，浇水时建议以喷雾方式进行，夏天每日可喷1～2次，冬季2、3天喷一次，或是一周一次浸水1～2小时。

肥料｜生长缓慢，少肥。可2周施一次液肥，记得洒在叶片上，才能吸收。

繁殖技巧｜繁殖用分株法，成熟的植株会从基部长出侧芽，等到侧芽长到跟主芽差不多大，即可将其分开另行种植。一样使用铁架挂在半空中，就能顺利生长。

应用建议｜小章鱼可说是极普遍的空气凤梨入门品种，只要日照良好且环境通风就很好照顾，壶状又像章鱼的外形极为独特，最适合悬挂起来点缀窗台或任何光照充足处。

｜达｜人｜示｜范｜

■透明缸里的章鱼山水

材料｜黑胆石、造景用石块、小章鱼空气凤梨

创意概念｜小章鱼空气凤梨一般都是悬吊欣赏，它可透过叶子吸水，但由于叶鞘基部耐水性不佳，若是摆在平面最好让叶子朝下，让叶鞘悬垂于半空中，才不致积水腐烂，同时又能仿造出小章鱼悠游水中的模样。

小精灵空气凤梨

生命力超强，不用土壤也能活

拉丁名 | *Tillandsia ionantha.*

科　名 | **凤梨科**

小精灵小巧外形
就像其名称一样可爱，
品种繁多、栽培容易，价格又便宜，
是大多数空气凤梨初学者
入门第一品种，
略呈放射状的叶序造型，
从莲座状到小圆球都有。
开花时，
植株由绿转红甚为迷人。

观赏期 | 全年1～12月
开花期 | 秋至春季8～隔年3月
繁殖适期 | 秋至春季9月至隔年3月

栽培方式｜喜全日照，耐阴耐旱，忌积水。

适合环境｜小精灵原生地在墨西哥到尼加拉瓜间海拔600～1650米的树上或石头上，喜全日照、干燥、通风良好环境。窗台、户外等日照充足处都适合栽种摆放。

植物特色｜从圆到筒状略呈放射状的叶序造型，淡绿色带着银灰色泽已够抢眼，小巧外观而有“小精灵”之称，美丽的管状紫红花朵则是它学名中“ionantha”（紫色）的命名由来，冬季或温差大时，植株会转为红色。

用土｜属于攀附着生型的植物，不适合用土壤种植。以铝线或铁丝支架悬挂于窗台或墙面即可。

水分管理｜以喷雾方式充分喷洒整株为佳，叶心不可积水，冬季2、3天喷一次，夏季则每日早、晚喷洒一次。或是一周一次浸水1～2小时。

肥料｜肥分不需多，可每周一次用液肥稀释一千倍喷洒；或是一周一次浸于稀释3000～5000倍的液肥中，每次1～2小时。

繁殖技巧｜主要有侧芽分株及种子繁殖，最简便的还是以侧芽分株。开花后通常会长出侧芽，侧芽大些的时候就可切下来另成一株悬挂，侧芽若太小就切下，小苗恐不易成活。

应用建议｜空气凤梨的病虫害较少，只要注意通风及避免积水，就能健康成长。除了常见的悬挂方式外，也可用铝线将小精灵附着于漂流木、枯枝上。侧芽不一定要急着切下，让小苗群生后簇聚成球状也相当好看哦！

|达|人|示|范|

■在打蛋器上荡秋千的凤梨宝宝

材料｜打蛋器、麻绳、小精灵空气凤梨

创意概念｜打蛋器的大小正好可以居住一棵小精灵，手柄处绕上麻绳更添日系杂货风。给水后应注意叶鞘基部不可积水，水分太多容易腐败。建议喷雾式给水，喷完将植株倒立，让多余的残水流出。

虎纹绒叶小凤梨
神秘美丽黑斑马

英文名 | Black Mystic
拉丁名 | *Cryptanthus* 'Black Mystic'
科　名 | 凤梨科

黑白相间的纹路，奇特中带有神秘，
斑纹似虎似豹也像斑马，而有虎斑之名，
和五彩绒叶凤梨是亲戚，
风格却大不相同，
幸好照顾上一样不难，
给予充足光照和适当水分
就可生长良好。

栽培方式｜耐旱喜高温多湿，忌日光直射。

适合环境｜原生环境在巴西东部海岸至海拔2000米的森林地带，生长适温18～24℃，喜高温多湿，耐旱，不耐积水。盛夏忌日光直晒，冬季低温10℃以下时可移至室内御寒。

植物特色｜多年生草本植物，株高一般只有5～6厘米，株径顶多20厘米，叶片相互叠生，叶片上有黑白相间的横纹，叶缘波浪状具小锯齿，株形如星星，通常会平贴地面呈辐射状伸展。花季时会开出白色小花。

用土｜由于根系浅，建议用排水良好且质地疏松介质，例如腐叶土混搭蛇木屑；或是用赤玉土或泥炭土混合珍珠石、蛭石以1∶1∶1比例。

水分管理｜耐旱，土干再浇即可，夏季水分蒸发较快，可适时喷雾以增进湿度，有助于叶色转艳；冬季则3～4天浇一次水即可。

肥料｜肥分不需多，可每月一次施用稀释过的综合薄肥。

繁殖技巧｜主要以侧芽分株繁殖，通常在花后就会从母株上方冒出一株株的小侧芽，待小侧芽长大到几乎影响母株受光时便可将侧芽轻扭下换盆另植。

应用建议｜虎斑不耐直接日晒，适合放在室内光线明亮处；可单株欣赏或任小苗绵延如地被状。冬季光线不足，叶色容易变得黯淡无神采，建议此时可让它多晒太阳。

｜达｜人｜示｜范｜

■沉稳粗犷的巧克力色山丘

材料｜木炭、高山地衣、热熔胶

创意概念｜将木炭用热熔胶组合成一个中空的花器，在边缘黏上高山地衣，呈现出高山油页岩岩壁的景致。虎纹的质地既粗犷又带有神秘感，黑褐的色调深具个性之美。

皱叶麒麟 筒叶麒麟

脱略凡格的虬曲之美

英文名 | Euphorbia decaryi、Euphorbia cylindrifolia

拉丁名 | *Euphorbia decaryi var. decaryi*、*Euphorbia cylindrifolia var. cylindorifolia*

科　名 | 大戟科

茎干布满了刺状毛，
仿佛不喜与人亲近。
卷曲皱缩的叶片，
实在丑得可爱，
意外成为特色。
充满大自然野趣的造型，
极具热带风情。

观赏期 | 全年1～12月
开花期 | 秋至冬季11月至隔年3月
扦插适期 | 春季3～5月及秋季9～11月最佳

栽培方式｜喜半阴环境，土壤排水性良好。

适合环境｜性喜温暖干燥的环境，强光下虽然也能生长，但叶片容易变色。比较适合光线明亮的地方，冬天严寒时要移至室内，超过温度10℃以下会引起冻伤。

植物特色｜麒麟花近亲，原产于马达加斯加岛，与麒麟花一样茎干都有刺。皱叶麒麟、筒叶麒麟皆以卷叶变化为观赏重点。前者叶片长椭圆形，表面完全皱缩；后者叶片细长，叶缘向内卷。两者生长速度都不快。

用土｜强调排水及透气性，可用腐叶土、蛭石、河沙以2：2：1比例调配。

水分管理｜忌积水，土壤干透了再浇，以浇透为原则，土壤中切不可积水。冬天要减少水分供应，以防止潮湿烂根。

肥料｜少肥，每月可施一次薄肥，或选用氮磷等比的长效肥，冬天则停肥。

繁殖技巧｜繁殖以扦插及分株为主，扦插是剪下带有顶芽的肉质茎，伤口干燥后插于介质中，15～30天可生根；分株可从根部将植株分开，伤口干燥后种植即可。

应用建议｜两款麒麟耐旱，不需常浇水，且适合半日照，可放在室内光线明亮的桌面、窗台。可小盆栽种植，细细欣赏它虬曲另类的叶片之美，但日照不足容易徒长。

｜达｜人｜示｜范｜

■日系开胃麒麟小菜

材料｜小餐碟、皱叶麒麟

创意概念｜吃饭前，来盘日系开胃小菜！皱叶麒麟的叶色会有新旧叶的层次变化，新叶较为浅绿，旧叶呈现紫绿色，会有油画般的神秘色彩，置于餐碟上，是不是很像日式小餐馆里常见的海菜，看了令人胃口大开呢！

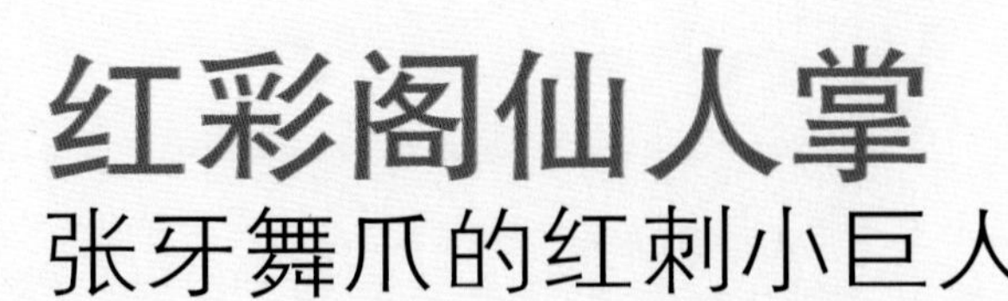

红彩阁仙人掌
张牙舞爪的红刺小巨人

英文名 | Euphorbia enopla
拉丁名 | *Euphorbia enopla Boiss.var.enopla*
科　名 | 大戟科

直挺挺站立、手臂伸高高，
这样的造型，最能符合人们对于
“沙漠里的仙人掌”的想象。
浑身长满了刺，又尖又长，
照顾时得小心，
免得小肉肉发起脾气，
刺伤了手指，又肿又疼要人命。

观赏期 | 全年1～12月
开花期 | 秋至冬季9月至隔年2月
分株适期 | 全年1～12月

栽培方式｜喜温暖通风，气温过低时记得保暖。

适合环境｜性喜温暖通风处，温度25～30℃最适宜生长，可全日照。不耐寒，若是冬天寒流时节，气温低于5℃以下，应尽快移盆至温暖环境，否则易冻伤。

植物特色｜灌木状多肉植物，原产于南非，全株灰绿色，高度可达1米，肉质茎圆柱形，6棱，棱疣排生2～3厘米锥状红刺，老株会自基部长出幼株。秋冬季会开花，花小为黄色，苞片暗红，杯状聚伞花序。

用土｜生性强健，对于土壤不会太挑，以排水性佳的沙质土壤栽培最适宜。

水分管理｜喜欢干燥环境，因此保持适当水分即可。最好的给水方式是等盆土干透再浇，而且浇水要以浇透为主。

肥料｜生长速度较慢，少肥。可以每个月施一次缓效肥，或薄施液肥亦可。

繁殖技巧｜以分株为主，老株基部所生的子株，轻轻摇下或剪下，晾几天等伤口干后，再插入介质中。要保持土表湿润，以新盆另外栽培，20～30天后就生根。

应用建议｜红彩阁喜欢温暖干燥环境，室内种植时浇水不用多，土表干燥后再浇或几天浇一次即可。可尝试跟其他多肉植物搭配组盆，增加视觉的丰富度。

｜达｜人｜示｜范｜

■简约可爱风的绿洲小花园

材料｜贝壳沙、粗陶花器、造景用石头、绿水苔

创意概念｜红彩阁身上的红刺看起来颇凶恶，幸好株形就像伸张双臂弯腰摆臂的人偶一样可爱。种植时要掌握前后高低的层次感，适当留白可呈现空间感，土表铺满的洁白贝壳沙更营造出沙漠绿洲风情。

C | H | A | P | T | E | R | 3

第3章

昆虫般绿宠

昆虫模样的可爱盆栽

桌上栖息着一只小蝴蝶，用手轻触它却没有飞走，
还用它细茸茸的羽翼轻轻磨蹭你，
更带着它的朋友小蛞蝓和竹蜻蜓，陪你在桌上进行森林般的野餐吧！

多叶兰

蝶翼般的西瓜皮叶片

英文名 | Parallel Peperomia
拉丁名 | *Peperomia puteolata*
科　名 | 胡椒科

叶面的弦月状叶脉，
层次分明，可爱优雅，
搭配叶片质硬肉厚的特性，
特别具有活泼的生命力。
因为非常好养护，
兼之玲珑秀美超可爱，
不少上班族喜欢把它养在办公室里，
当作解压小宠物。

观赏期 | 全年1～12月
休眠期 | 冬季12月至隔年2月气温5℃以下
扦插适期 | 春至初夏4～6月

栽培方式｜喜欢充足阳光，且排水务求良好。

适合环境｜喜欢潮湿温暖，可耐旱、耐阴，为生命力超强的植物，易栽植。必须避免艳阳直晒，因为阳光直晒很容易灼伤叶片，但光线若不足，叶面的脉纹将会变淡。

植物特色｜它也叫白脉椒草，原产于秘鲁，为多年生草本植物。茎直立，红褐色，高20～30厘米，叶片厚度稍呈肉质，叶全缘，叶色深绿，叶面有5条白色凹陷的月牙状脉纹，白绿双色分明，有清爽宜人、小巧玲珑的秀美感觉。

用土｜特别强调土壤的排水性，以泥炭土加蛭石、珍珠石，均匀配置混合。

水分管理｜颇耐旱，忌阴湿，浇水可少不能多，温暖季节以土壤湿润不积水为主，若气温低于5℃，必须控制浇水。

肥料｜生长期可每月施肥一次，肥料中氮肥不宜过多，以免叶面脉纹变淡。

繁殖技巧｜常用扦插法，剪下健康的带柄叶片，晾晒一日后，直接插于介质中；或者剪下长约10厘米顶芽，摘除基部叶子，一样插入介质中。两种方法都约15天便可出根。

应用建议｜多叶兰白绿相间的叶片，有如西瓜皮般带来清凉感，室内种植可用小盆栽单株欣赏；或是密植，一株株挺起的姿态就像荷叶又像蝴蝶般迷人。

|达|人|示|范|

■日式禅风小蝶钵

材料 | 素烧陶钵、浅皿、干花、贝壳沙、多叶兰

创意概念 | 素烧陶钵、浅皿朴拙中带有禅风。一旁再随意洒置一些干花更显古雅，多叶兰在其衬托下尤显生意盎然。土表的素净贝壳沙令整体更添质感。

罗汉松
竹蜻蜓般的绿色翅膀

英文名 | Broad-leaved Podocarpus
拉丁名 | *Podocarpus macrophyllus*
科　名 | 罗汉松科

可以苍劲挺拔，
也可以小巧童趣，
虽非松树，但从其名
就予人松树般的常绿高耸之感
是极佳的庭园乔木。
生性耐阴，
可用“种子森林”的方式
密植于盆钵，
置于室内光线明亮处欣赏，
小苗伸展开一片片狭长绿叶，
就像舞动中的竹蜻蜓。

栽培方式｜耐阴喜阳光，土干再浇，忌积水 。

适合环境｜罗汉松主要分布在中国华南一带，喜高温潮湿环境，耐阴，适合种植于日照充足或室内光线明亮处；不耐严寒，如遇轻霜易导致叶梢或嫩叶枯黄。

植物特色｜罗汉松属常绿高大乔木，树冠广卵形，单叶互生，以螺旋状排列；叶形为线形或狭披针形。夏天开黄绿色小花。其种托成熟时呈红色，加上绿色种子，就像穿着红色僧袍的光头罗汉，故得名。

用土｜需湿润、排水良好的微酸性培养土，栽培可采用壤土、沙土、培养土1∶1∶1配。

水分管理｜春夏生长适期可早晚浇一次但不宜积水，平时可用手轻触土面，感觉稍干再浇即可。亦可对叶面喷水，但不宜在日晒强处进行，以免叶伤。

肥料｜喜肥，可少量多施，生长期每2~3月施肥一次，尤其可加强氮、钾比例让枝叶浓绿有光泽。

繁殖技巧｜以种子或扦插繁殖。可于8月下旬采种，除去种托后直播或阴干后沙藏，于隔年春天生长适期播种。扦插亦建议在春天进行，成活率较高。

应用建议｜罗汉松挺拔茂密的株形，适宜用于庭园景观及围篱。室内可采种子盆栽欣赏，但小苗幼嫩不耐长时间直晒，可稍加遮阴。

|达|人|示|范|

■罗汉松收纳提袋

材料｜水苔、罗汉松

创意概念｜罗汉松耐阴耐旱，用水苔种植可以保水，浇水时只要注意不要过量（约容器的1/10即可），很适合在室内尽情欣赏它绿油油的，像竹蜻蜓般展翅飞翔的朝气模样。试试看利用家中各种形态的容器做造型上的搭配，像是马克杯、花茶杯、杯盘甚至小收纳盒，一定可以试出很有意境的造型盆栽哦！

泽泻蕨

爱心形状的无忧小蛞蝓

英文名 | Heart Fern

拉丁名 | *Hemionitis arifolia*

科　名 | 铁线蕨科

可爱的心形叶，
满布一格一格淡淡的网状脉，
当植株成熟时，
咖啡色的孢子囊会沿着网状脉生长，
看起来就像为格网状脉框上边框，相当有趣。
野外的泽泻蕨数量不多，
已列为濒临灭绝的植物。

栽培方式｜性喜阴，潮湿环境可让其生长良好。

适合环境｜适合半日照或是光线充足的地方，对于土壤与空气的湿度要求也稍高，介质略干就浇水，可以在叶面进行喷雾，保持环境潮湿，但要注意通风状况。

植物特色｜多年生草本植物，原产于亚洲热带地区，植株高3～5厘米，叶子略呈狭长心形，叶片全缘，表面光滑，叶柄像黑色细铁丝，并被有鳞毛。叶革质，叶片基部常着生不定芽，孢子囊成熟时会布于叶下。

用土｜适合微酸性土壤，使用富含有机质的泥炭土或腐叶土加河沙2：1调配。

水分管理｜给水必须充分，每天浇水并在叶面喷雾，保持潮湿但勿积水，晚间浇水会在叶片上形成水滴，易造成腐叶。

肥料｜根系柔弱，勿重肥。可施以氮磷钾结合的液态肥料，每周薄施一次。

繁殖技巧｜以分株及孢子繁殖为主，分株无特别季节要求，从根部分数株，每株带根叶，分别栽种即可。孢子自叶片收集，趁新鲜播种于土中，保持高温高湿。

应用建议｜泽泻蕨单植时可用盆钵或苔球种植，以凸显其心形叶片之美，也适合用于组合盆栽或生态箱里种植。偶尔记得用湿布擦拭叶表，以增加叶片光泽。

｜达｜人｜示｜范｜

■永志不“蝓”的满心爱意

材料｜人造花蕊、水苔、白瓷花器、泽泻蕨

创意概念｜用人造花蕊黏于泽泻蕨的叶柄基部，就成了小蛞蝓模样，爱心状的叶片象征满满的心意；干净圆滑的叶表则代表着纯净不受尘扰的感情，谁说情人节一定要送花束，一枝泽泻蕨就足以表达心意。

小红枫

翩翩飞舞的迷人红蝴蝶

英文名｜Fire Fern
拉丁名｜*Oxalis hedysaroides cv. Rubra*
科　名｜酢浆草科

名为红枫，又名“红叶酢浆草”
红色叶片就如秋枫片片，
但我其实是酢浆草的一员，
纤长柔弱的枝条撑托紫红色叶片
随风摇曳就像小红蝶。
我生性敏感，
叶片遭轻触就会下垂，
只是反应不像含羞草那么激烈。

观赏期｜全年1～12月
开花期｜每年秋至冬季9月至隔年2月
分株适期｜春至夏季3～8月

栽培方式｜喜温暖、半阴环境，盆土需保湿。

适合环境｜原产于中南美洲委内瑞拉、哥伦比亚一带，喜爱温暖高温的半阴环境，半日照至全日照均适宜，全日照环境必须水分充足，室内明亮处亦佳。栽培处的温度以15～28℃为宜。

植物特色｜外观为低矮的常绿小灌木，株高10～15厘米，其实是多年生草本植物。枝条纤细，分枝多，叶互生三出，中间的叶片呈广心脏形，左右两叶则是椭圆形，叶片呈紫红色。开小黄花，如黄花酢浆草。

用土｜以通气、排水良好之腐叶土或是肥沃的沙土为佳。

水分管理｜土干再浇即可，盆土须常保湿润，浇水时必须浇透，但不宜过于潮湿或积水，此外也不可用强力水压冲淋叶片。

肥料｜每两个月施用一次氮磷钾均衡的薄肥，浓度不可太高。

繁殖技巧｜可分株或扦插繁殖，以扦插为主，剪下较粗壮的枝条，直接扦插，于春夏季为宜。

应用建议｜一般以7～12厘米小盆栽最多，适合单独欣赏，或作为组合盆栽材料，或是种在吊盆任其悬垂。由于叶片细小且色深，不宜与其他中大型植物搭配，以免被埋没看不见。

|达|人|示|范|

■银色时尚枫红小树

材料｜钢丝球、水苔、小红枫

创意概念｜小红枫的暗红叶色有种怀旧氛围，而银色的钢丝球就像科幻版的苔玉球，在复古中带着微妙冲突感，为传统厨房用品赋予新的用途与意义，同时也仿佛在室内种了一棵小枫树。将水苔包覆着的小红枫植株套进钢丝球种植时，底部不妨垫个水盆保湿，或是搭配与钢丝球同色系的金属便当盒，抢眼又具整体感！

幸运木
像蝴蝶又像四叶幸运草

拉丁名 | *Zamia furfuracea*
科　名 | 苏铁科

相传如果找到四叶的酢浆草，就会带来好运；
但是要在茫茫三叶草中找到一株四叶幸运草，
是多么不容易!
别难过，找不到幸运草，
就赏你更大的幸运木吧，
幸运木其实是美叶凤尾蕉的幼苗，
与幸运草相比更为强健好栽培哦!

观赏期 | 全年1~12月
开花期 | 株龄10年以上的春夏间（3~8）会开花
播种适期 | 全年春季3~5月
分株适期 | 早春3~4月

栽培方式｜喜高温多湿，冬春之际宜修剪。

适合环境｜原产于中南美洲墨西哥、哥伦比亚的高温多湿环境，喜爱全日照、温暖、湿润、通风良好环境，半日照环境亦可适应。耐旱且耐寒，生长适温为20～30℃。

植物特色｜幸运木其实就是美叶凤尾蕉（又名墨西哥苏铁、美叶苏铁）的幼苗，成株为常绿小灌木，树干略为筒形，茎干粗硬。叶为羽状复叶，小叶卵状椭圆形或倒长卵形，多面向四周伸长。耐阴耐旱极好栽培。

用土｜喜疏松肥沃，排水良好的微酸性沙土或一般培养土。

水分管理｜春夏生长旺季可每日早晚浇水并朝叶片喷水。不耐盛夏直晒致使叶片变黄失去光泽，此时可移至耐阴处。秋冬则土干再浇即可。

肥料｜每月可1～2次于根部施淡液肥，或朝叶面喷洒稀释过的液肥，秋冬季则可停止施肥。

繁殖技巧｜可分株、播种及吸芽繁殖，一般以播种和分株即可。种子发芽较慢，从播种到发芽需4～6月。分株繁殖则建议在初春3～4月进行。

应用建议｜美叶凤尾蕉是高级园景植物，幼苗即是我们所知的幸运木，可用盆栽单植或密植成种子森林，抽新芽时记得多晒太阳，以免叶子长不大，同时可多修剪促进萌发新枝。

｜达｜人｜示｜范｜

■幸运木爱心礼盒

材料｜白色烟灰缸或礼物纸盒、红缎带、幸运木盆苗

创意概念｜利用白色烟灰缸四周凹下的部分，套入幸运木小盆栽并绑上红丝带，就成了充满祝福带来好运的礼物盒。

C | H | A | P | T | E | R | 4

第4章

水世界绿宠
具有清凉水感的盆栽

繁忙的生活节奏令你心浮气躁吗?

让清凉水感的绿色盆栽，为你冷却一下快要喷火的心情吧!

其中大多数植物水培也行，不必担心浇水问题，最是干净好栽培哟!

hydrastis
lupulus (hops)

斑叶常春藤
碧绿清凉悬垂最美

英文名 | Ivy
拉丁名 | *Hedera helix*
科　名 | 五加科

姿态轻盈、外形优雅的蔓性植物，一直深受欧洲人喜爱。掌状叶片好似迷你枫叶，挂在细长垂蔓的枝条上，风一吹，数十只绿色小蝴蝶就开始热闹摆动起舞，让观赏者的心情也随之飞扬。

观赏期 | 全年1～12月
开花期 | 每年秋季9～11月
扦插适期 | 春季3～5月最佳

栽培方式｜避免暴露强光下，水分必须充足。

适合环境｜避免阳光直晒，以免烧伤枯死，但斑叶品种需要多一点光照，才能维持斑纹，因此以半日照最适合。喜欢低温环境，温度若超过30℃会暂停生长。

植物特色｜常绿蔓性植物，茎有气生根，会攀附物体生长，栽植以吊盆、篱笆、墙饰最常见。掌状叶片及斑纹变化是观赏重点，或深或浅的绿色镶嵌白斑，不但自然清新，且具净化空气之效，十分适合室内栽种。

用土｜使用富含有机质的沙质土壤最适合，此类土壤疏松、肥沃、排水良好。

水分管理｜除了冬天，其他季节都要充分给水，若水分不足容易造成落叶，亦不可让土壤长期过湿，以免发生烂根。

肥料｜每2～3周可施肥一次，使用氮磷钾1∶1∶1混合肥料，可避免斑纹变淡。

繁殖技巧｜使用扦插法，全年皆可进行，但以春季温度20～25℃最适合。剪下有气生根的茎芽约10厘米，摘除基部叶片，插入湿润土壤，2～3周就会生根。

应用建议｜喜爱日照却不耐强风及烈日，否则叶片易枯萎。极适合在室内光线良好处种植。夏天早晚对叶片喷水以补充水分，及时降温。

|达|人|示|范|

■绿意流泄的常春藤刨冰

材料｜水苔、铁丝、2毫米铝线、车缝线、常春藤

创意概念｜结合常春藤茂密翠绿和刨冰的清凉象征，来碗常春藤刨冰为你消暑气！用水苔扎出苔玉球做基座，再以两根2毫米的铝线缠绕出双冰淇淋般的架构，再用车缝线将常春藤缠绕架构上，下方较短枝条用24号铁丝凹出U形钉，扎入苔球塑形即可。

白金葛
片片晶莹生命强健

英文名 | Silver pothos
拉丁名 | *Epipremnum aureum BUNT. cv. Marble Queen*
科　名 | 天南星科

叶片晶莹浓绿富有光泽，
还掺杂着对比鲜明的一块块小白斑，
就好像植物界的绿乳牛一样。
强悍的生命力为室内带来绿意生机，
清透鲜明的叶色，常用在造景布置上，
产生难以抗拒的魅力。

栽培方式｜置散射光处，介质湿润但不积水。

适合环境｜任何光照环境皆能生长，但阳光太强会灼伤叶片，长期光照不足则斑块会消失。为了维持美丽的白色斑纹，最好选择光线明亮、非阳光直射的地点。

植物特色｜多年生观叶植物，园艺栽培种，叶面革质光滑，颜色翠绿带有白色斑块。蔓性植物，种在吊盆中会往下垂曳生长；若种在土中，则会攀附墙面或树干向上生长。习性耐阴，喜高温多湿，适合作为室内植物。

用土｜排水良好，以培养土混合蛇木屑或河沙，也可以直接利用水插栽培。

水分管理｜稍具耐旱性，生长期土壤要保湿，但盆底不可积水，最好等土表干了再浇。夏季可在叶面喷雾以维持湿度。

肥料｜以氮肥为主，钾肥为辅，夏季生长旺盛时，可每2～3周施肥一次。

繁殖技巧｜以扦插为主，春末夏初时节最适合繁殖。剪下约10厘米枝条，将基部叶片修除后，直接插入培养土等介质中，保持盆土湿润，大约1个月就能生根。

应用建议｜白金葛可说是懒人植物界的佼佼者，带给许多园艺新手极大成就感。建议经常修剪以免蔓成一大片显得凌乱。水培时要经常换水才不易滋生蚊蝇。

｜达｜人｜示｜范｜

■金碧冰凉白金葛啤酒

材料｜水苔、魔晶土、白金葛

创意概念｜以黄色魔晶土仿造成杯中的啤酒，再将白金葛植入，就成了清凉畅快的啤酒杯绿宠。首先要将白金葛根部的土壤洗掉，用水苔简单包覆，再植入魔晶土，这样植栽才能站稳不致四散。

铜钱草
朵朵圆钱遇水则发

英文名 | Whorled Umbrella Plant
拉丁名 | *Hydrocotyle verticillata Thunb.*
科　名 | 伞形花科

圆圆小草花，翠绿色泽看起来油亮清新，
常出现在园艺栽培或办公室桌上，
因为长得像一枚钱币，
也叫圆币草或钱币草。
长相可爱，长势强劲，
若露地栽培，很容易就蔓延至整座花园。

观赏期 | 全年1～12月
开花期 | 夏至秋季6～11月
扦插适期 | 全年1～12月

栽培方式｜喜欢晒太阳，浇水次数或量要多。

适合环境｜喜欢温暖潮湿，可全日照，而且叶柄都会往有光线的地方偏，但要避免夏季艳阳直射。光线不足的话容易徒长，甚至造成叶片黄化腐烂。

植物特色｜原产于南美洲，多年生挺水植物，生性强健，具匍匐性，水陆繁殖皆可。叶大多呈圆形，色泽翠绿，波浪缘，状似铜钱。走茎发达，茎纤细长，茎节明显，每节各长一枚叶，不断延伸。夏秋开黄绿色小花。

用土｜对于土壤要求不高，使用偏酸、保水性佳的培养土就会生长良好。

水分管理｜培植需要较潮湿的环境，因此水分必须充足，除了经常浇水之外，也可以直接放进水盆、水池中栽植。

肥料｜栽种于盆器中要少量施肥，生长期可每10天加一次以氮为主的液肥。

繁殖技巧｜剪一段长15～20厘米的地下走茎，另外埋于土中，保持介质湿润，约1星期便开始生长，阳光充足的话植株较为强健，1个月内就能迅速繁殖。

应用建议｜铜钱草生长快速，为防止叶柄过长，需定期拿到户外晒太阳，勿放置在阴暗处。它耐水、耐湿，适合密植成片欣赏其茂盛模样，会令人很有朝气感。

｜达｜人｜示｜范｜

■水感晶莹瓶中绿宠

材料｜魔晶土、空瓶、铜钱草

创意概念｜生活中随手可取的空瓶再利用，放入魔晶土，再植入可以水培的铜钱草，就是样式独特的瓶中绿宠。铜钱草盆栽放在浴室或桌上都非常适合，但是别忘了铜钱草也需要阳光，一天当中让它接受适当光照会长得更健康漂亮哦！

木贼
修长优雅的水泽精灵

英文名 | Horsetail；Herba Equiseti hiemalis
拉丁名 | *Equisetum ramosissimum Desf.*
科　名 | 木贼科

是谁丢了毛笔，在溪边立成一片？
这有着毛笔外形的植物叫木贼，
顶端的孢子囊穗就像毛笔的刷头，
在古代常被用来当刷子使用。
它是一种历史久远的水生植物，
全世界除了澳洲和南极之外，均有其踪迹。

栽培方式｜喜潮湿、耐阴、向阳，不耐低温。

适合环境｜属于一年生或多年生草本蕨类植物，环境跟蕨类相近。主要生于坡林下阴湿处、河岸湿地、溪边，向阳生长，杂草地上有时也出现。

植物特色｜外形为长管状的直立地上茎，茎上有一段段的节，又称“节节草”。节呈黑色，每节有1～4分枝，茎中空，表面粗糙。顶端是孢子囊穗，呈六角盾状。叶退化为圆形鳞片状。地下茎呈横向走势。

用土｜栽培时以富含腐殖质的壤土为佳，或是水田的田土。

水分管理｜喜水性强，因此壤土要保湿，积水无妨，土干了要尽快补水，水分充足就很容易生根成活。

肥料｜盆植每月施用一次稀释过的缓效液肥；户外水池种植只要光线充足就可生长良好，不需多施肥。

繁殖技巧｜孢子播种或走茎分生不定芽。孢子繁殖：采下孢子后立即播于土壤表面，稍微覆土并保湿。分茎繁殖：将根茎切成3～6厘米长的节段，栽于土壤，覆土4～5厘米，很快就会发根。

应用建议｜木贼是水泽边常见植物，独特的外形很常用于插花。如欲居家种植，不妨密植成小森林，可水培，光线必须充足，阳光不足时，叶子会变黄。

｜达｜人｜示｜范｜

■节节高升木贼瓶花

材料｜布丁瓶或玻璃罐、拉菲草（或缎带、麻绳）、贝壳沙、木贼

创意概念｜木贼一节一节具有“节节高升”的好兆头，不妨用手边的空瓶将木贼水培，瓶内则可填满贝壳沙并保湿，然后绑上喜欢的丝带或麻绳，就是一盆可爱又充满祝福的植栽。

斑叶薜荔
穿着白舞裙的墙上精灵

英文名 | Variegated creeping fig
拉丁名 | *Ficus pumila cv.Variegata*
科　名 | 桑科

叶子纤细玲珑，
叶近肾形有不规则缺刻，
还有可爱的皱折，
镶白色边的叶缘，
好像穿着白色舞裙的小精灵，
轻盈地婆娑起舞。
能攀附在石壁、树干等物体上，
帮生硬的壁面装点出翠绿风采。

观赏期 | 全年1～12月
结果期 | 每年夏末8～9月
扦插适期 | 每年夏至秋季
4～9月最佳

栽培方式｜喜温暖潮湿，适当日照但勿曝晒。

适合环境｜半日照环境为主，若日照太强或是不够，都会使叶面的白色斑纹褪色。生长时若发现叶片全绿的枝条，最好将其剪除，以免影响其他斑叶的生长。

植物特色｜常绿藤本植物，又叫“雪荔”，是从薜荔培育出来的园艺栽培种，特色是叶缘呈不规则波状，并镶有漂亮明显的白边。茎上有气生根，枝叶悬垂如帘，能攀附墙壁或树干生长，适合美化墙面或当绿篱。

用土｜使用一般栽培土即可，也可混合些许蛭石或珍珠石，以增加透气性。

水分管理｜不耐旱，喜欢湿润的土壤环境，水分的供应要充足，否则容易造成干枯落叶。冬季寒流时要减少浇水量。

肥料｜施肥过多会让斑纹褪色，每月施一次氮磷钾结合的肥料即已足够。

繁殖技巧｜以扦插为主，夏秋两季为最适期。剪下5～8厘米的枝条，修除基部的叶子，插入介质中，期间需注意维持土壤及环境湿度，30～40天就会生根。

应用建议｜薜荔枝条纤细，不论是吊盆悬垂、攀墙或窗台摆置，似风铃又像小舞蝶般的可爱叶片，轻易就能发挥美化环境的效果。最好将盆栽置于光线明亮且通风的环境中。

｜达｜人｜示｜范｜

■甜美童年薜荔棒棒糖

材料｜毛根2色各1条、小木棒、水苔、斑叶薜荔

创意概念｜棒棒糖是许多人童年中的美好回忆，如今运用斑叶薜荔，结合用黄、白毛根卷成的棒棒糖形状，就成了清爽可爱的棒棒糖摆设。

斑叶百万心
飘送幸福的串串心叶

英文名 | million hearts
拉丁名 | *Dischidia nummulana*
科　名 | 萝藦科

**一串串枝条上
连着无数的小巧且略成
多肉化的厚质心形叶片，
因而有“百万心”之名，
小叶片像风铃摇曳，
给人清凉又幸福的感受。
耐旱耐阴极好照顾，
最适合忙碌的你。**

观赏期 | 全年1～12月
开花期 | 每年秋季9～11月
扦插适期 | 春至初夏季4～6月

栽培方式｜喜半日照，斑叶比全叶更耐晒。

适合环境｜喜温暖、明亮、通风良好的半日照环境，生长适温20～30℃。不适合日光直晒，过度日照叶子会变成黄绿色。不耐潮湿，下雨天最好移置遮雨处，以免积水。

植物特色｜原产菲律宾，常绿蔓性草本，肉质叶片呈心形对生，有全绿、斑绿、斑块品种，枝条增长后会下垂。冬季或日照充足且水分限制下，叶片会转红。秋季会于叶腋开出小白花，秋冬季则于叶腋结果。

用土｜适合排水且透气性佳的介质，可用蛇木屑混合培养土及珍珠石以1∶1∶1的比例搭配使用。

水分管理｜略具耐旱性，不耐积水，土干再浇即可，或于枝叶喷雾可促进成长。介质不宜长期过湿，否则将导致根系及枝条腐烂。

肥料｜对肥分需求少，可2～3个月施1次稀释过的液肥。肥分不宜过浓以免伤根。

繁殖技巧｜以扦插为主，适宜春夏暖季进行，将枝条剪成每3～4节一段，斜插至介质中，并保持介质微湿，1～2周即可发根。可水培，但要经常换水保持洁净。

应用建议｜通常以盆栽、吊盆或攀附栽培，枝条初生时较挺直，增长后会变柔软，最适合用吊盆欣赏其悬垂之美，相当适合在光线明亮的室内环境种植。

|达|人|示|范|

■南洋风百万心吊盆

材料｜椰壳、斑叶百万心

创意概念｜在未完全干燥的香水椰壳顶端凿出大洞，挖空果肉，将点燃的香氛蜡烛放入后烤干内部，或是阴干。凿出吊挂的孔洞与排水孔，就成了南洋风吊盆，简单大方可完全烘托百万心的斑叶之美。

白网纹草
优美耐看的白色叶脉

英文名 | Silver-net

拉丁名 | *Fittonia verschaffeltti*

科　名 | 爵床科

绿色叶片有着阡陌纵横、
对比鲜明的白色叶脉，
外形似精灵般小巧，
可单独为小品，
也能搭配于组合盆栽，
创造出优美线条及丰富层次。

观赏期 | 全年1 ~ 12月
开花期 | 秋季9 ~ 11月
扦插适期：夏秋季5 ~ 9月

栽培方式｜耐阴性极佳，冬季特别要充分给水。

适合环境｜性喜半遮阴处，阳光直射容易使叶片焦枯，并注意水分充足及保持空气湿度。不耐低温，冬天要给予温暖环境，若是种在户外，冬天最好移入室内。

植物特色｜多年生常绿草本植物，原产于中美洲温暖潮湿森林里，植株矮小具匍匐蔓延性，叶十字对生，叶片有明显网状叶脉。宜多湿环境，可于叶面喷雾增加湿度，但冬季易因寒害及过潮，造成腐叶或死亡。

用土｜保水性佳，但也要注意排水，可用泥炭土或椰纤混合蛭石、珍珠石。

水分管理｜性喜高湿环境，春季到秋季要充分浇水，以避免叶片萎软或脱落；冬天气温若低于15℃，要减少浇水次数。

肥料｜需肥性不高，每2～3月施一次，可用以氮为主的肥料为叶片增色。

繁殖技巧｜常用扦插繁殖，全年可进行，从匍匐茎剪下有3～4对叶片的枝段，插于土中，7～14天可生根；或将插穗插入盆中保持湿润，2～3周亦可长成。亦可扦插水培。

应用建议｜可当吊盆与迷你盆栽，也适合组合盆栽应用，例如玻璃花房或生态缸的高湿度环境，就很适合网纹草。

｜达｜人｜示｜范｜

■蜜糖吐司网纹小甜心

材料｜彩色菜瓜布、水苔、水果小饰品、网纹草

创意概念｜这么可爱的蜜糖吐司看了好想吃一口，而它竟然是不能吃的小植栽？将彩色菜瓜布挖空，放入水苔，挤上材料商店即可购买的奶油土，再用人造水果装饰，即可变换出各种甜点造型植栽。

巴戈草
繁密茂盛的
水陆两栖植物

英文名 | Bacopa caroliniana
拉丁名 | *Bacopa caroliniana (Walt.) B. L. Robins.*
科　名 | 玄参科

植株迷你，翠绿可爱，
紧密丛生的特性，
覆盖效果佳，只要环境适合，
总是满满长一大盆，
非常赏心悦目，
而且园艺、水族箱造景皆宜，
个头虽不大，
却是居家美化的绿色小尖兵。

观赏期 | 全年1～12月
开花期 | 春末至夏季5～8月
扦插适期 | 春至秋季3～11月

栽培方式｜需良好光线，也非常爱喝水。

适合环境｜户外全日照情况下生长最佳，若是光线不足，植株很容易徒长，而且长到一定高度，就会因太重而倒伏，使得外形受到影响。

植物特色｜又名“海洋之星”，多年生挺水植物，匍匐性强，植株生长快速，绿色美化的效果非常好。除了盆植，也可以浸水生长。叶略肉质，绿色到黄绿色，花小，呈深紫色。以浸水种植时，只会长叶子而不会开花。

用土｜需水性极高，可以利用保水性较高的黏土来种植，效果会非常显著。

水分管理｜巴戈草引进时，主要是当水族箱里的水草，它需要较多水分，可浅水、浸水种植，或将盆底浸于水盘中。

肥料｜对肥分的要求不高，生长期间可每半个月施一次氮磷钾等份的缓效肥。

繁殖技巧｜可扦插或分株，扦插是剪下带顶芽的走茎，插于湿润介质中，4～5天即恢复生长；分株则是将植株从盆中取出，自根部切开，再分别种植即可。

应用建议｜巴戈草紧密丛生的特性，适合密植成片欣赏。巴戈草亦可在水里种植，不用担心忘记浇水，很适合懒人及工作忙碌者，但是务必给予充足阳光。

|达|人|示|范|

■高脚杯里的晶莹小森林

材料｜高脚杯、铝线、铝条

创意概念｜巴戈草属于水陆两栖植物，可完全浸入水中，也可半水培。运用高脚杯可观赏水上叶及水下叶的变化。水下叶会较大且半透明。此外可用铝条制作剑山，可固定植栽，以防浮起。

嫣红蔓

娇红可人为室内增色

英文名 | Polka Dot Plant
拉丁名 | *Hypoestes phyllostachya*
科　名 | 爵床科

像被油漆泼到的斑斓彩点
几乎布满全叶，
而有“嫣红蔓”美名，
其实它并非蔓藤植物而是常绿半灌木，
植株长大后就没那么可爱，
最好常常修剪以维持低矮茂密，
兼可促进新枝长出。

观赏期 | 全年1～12月
开花期 | 每年春季3～5月
播种适期 | 每年春（3～5月）、秋（9～11）两季

栽培方式｜喜潮湿温暖，要多浇水。须经常修剪。

适合环境｜喜半日照、通风良好环境，生长适温15～25℃。日晒太烈、空气太干燥、缺水或浇太多水都会致使叶片卷缩，适合明亮但非直射光线，光线不足易徒长。

植物特色｜原产于马达加斯加，属多年生常绿匍匐半灌木，缤纷如油漆泼洒全叶的叶斑是该植物的最大特色。全株有毛，对生卵形叶片。植株高可达30厘米，但盆栽种植多控制在10～15厘米。

用土｜适宜排水良好、微酸、疏松肥沃的壤土，例如沙土。

水分管理｜不耐旱，浇水须足，春夏可早晚浇一次，秋冬时则土干再浇。其叶薄易烂，浇水时最好使用尖嘴壶对着土喷洒，不要太常洒到叶片。

肥料｜肥分需求不高，数月一次即可。扦插期间可用速效肥稀释1000倍，每10天喷洒一次促进其发根。

繁殖技巧｜以播种及扦插繁殖为主，播种适宜在春秋两季进行。扦插则取一段带有2～3节的顶芽或枝条，插于沙土中并保持湿度，2～4周就能发根。

应用建议｜用直径7厘米盆规格，以新枝扦插或低矮茂密的迷你盆栽为主，可用于组合盆栽的配色，因植株低矮，必要时可设法垫高或数盆合植以凸显视觉效果。

｜达｜人｜示｜范｜

■口金包嫣红小花束

材料｜口金包或零钱包、苔球、嫣红蔓

创意概念｜不舍丢掉的零钱包和叶比花娇的嫣红蔓是绝妙搭配！将嫣红蔓放进小塑料袋以便将水汽与零钱包隔绝，再用苔球包覆植株，就成了嫣红小花束，适合摆放柜台"招财讨红"。但记得一周至少让嫣红蔓晒两天太阳。

白鹭莞
绽放星芒小花的希望之光

英文名｜Star Rush
拉丁名｜*Rhynchospora colorata*
科　名｜莎草科

模样纤细，看起来轻柔、
亮白雅致的小花，
搭配绿色植株非常抢眼，
宛如白鹭栖息在枝头，
纯白光芒真是美极了，
因此也被叫做“希望之光”。
属于适应力强的挺水植物，
很适合居家种植。

观赏期｜全年1～12月
开花期｜春末至秋初5～9月
分株适期｜全年1～12月

栽培方式｜需要充足光线，种植位置勿强风。

适合环境｜适合全日照，栽培地点不能过于阴暗，否则容易造成植株倒垂。温度适应力强，而且比一般水生植物更耐寒，即使冬天低温，种在户外亦可。

植物特色｜多年生挺水性植物，植株直立，高仅15~30厘米，茎瘦长，非常纤细；叶线形，全缘，先端渐尖。头状花序，顶生，基部带有亮白色细长苞片，米黄色花序聚在中间，像一点一点纯白光芒，非常耀眼且讨人喜欢。

用土｜对介质选择性不高，只要土壤保水能力强，使用一般黏质土壤即可。

水分管理｜水分要充足，可直接将盆土浸水，水不用太深，就能生长良好。也可种在庭院水池边，或者湿地里。

肥料｜栽种于盆器中要少量施肥，生长期间可每10天加一次稀释过的液肥。

繁殖技巧｜以分株为主，将植株从盆中取出，把大丛密生的茎，从基部掰开，再分别种入湿泥中即可。白鹭莞生长快速，得经常修剪老化枯萎茎叶才会漂亮。

应用建议｜白鹭莞的花是由3片苞片以及3片花瓣构成，模样特别像星光。请将它置于光线充足处，例如窗边、阳台，多晒太阳就有机会多开花！

｜达｜人｜示｜范｜

■水上星光

材料｜莫丝、白鹭莞

创意概念｜划着小船在静谧河流上，欣赏满天星芒，这样的惬意在家中或办公室就能实现？只要种上一株白鹭莞，先以莫丝包覆根系，植入透明盆器，再注入适当清水，同时选择喜爱的装饰品置于水面垫高物上，就能创造一盆意境十足的可爱盆栽。

白银珊瑚

挺拔亮绿的陆上珊瑚

英文名 | Yellow-leaf Bush Euphorbia

拉丁名 | *Euphorbia leucodendron*（*Euphorbia alluaudii*）

科　名 | 大戟科

细细长长，高高挺挺，
纤柔秀美的枝条，
一根根往上长，
晶莹翠碧的
玉质模样，像极了长在
陆地上的翡翠珊瑚。
除了传统的高挑外观，
白银珊瑚也常出现缀化，
而具有各种奇形怪状的
趣味样貌。

栽培方式｜喜欢温暖，冬天要保暖防止霜害。

适合环境｜原产于南非至马达加斯加岛，性喜温暖的地方，全日照或半日照均可，适合的温度为25～30℃，冬天寒流来袭，最好移至温暖环境，以免冻伤。

植物特色｜常绿小灌木或小乔木，可长至1.5米高，全株绿色，肉质茎圆柱形，叶片披针状，生在枝条顶端，长仅0.3～0.5厘米。强健品种，对生长环境并不挑剔，能耐旱、耐盐及耐风，户外也生长良好。

用土｜相当强健，贫瘠土壤也能生长，在排水良好的沙质土壤栽培最佳。

水分管理｜有极高的耐旱性，平时浇水不可太频繁，3～5天浇一次水即可，若土壤过于潮湿容易导致腐烂。

肥料｜贫瘠亦生长良好，若想使其长得快又壮，可每月一次施以长效肥。

繁殖技巧｜以扦插繁殖，选择健康、生长已过一年的枝条，将其剪下，等伤口干燥之后，插于介质中，保持土表微湿，20～25天出根后，即可移植于盆中。

应用建议｜白银珊瑚模样似一根根碧绿蜡烛，极有欣赏价值，可多扦插几枝，种在一起，就可享受“造林”的乐趣，但枝条间距不可过密以免不透气影响生长。

｜达｜人｜示｜范｜

■北欧风珊瑚沙滩

材料｜贝壳沙、日本轻石、玻璃杯、白银珊瑚

创意概念｜白银珊瑚搭配北欧风格的简约设计，会呈现怎样的风貌？首先将白银珊瑚脱盆植入玻璃杯，再用日本轻石混合贝壳沙来填充缝隙以营造沙滩感，这也有助于植株站稳。

纽扣藤

圆满点点的爽心凉绿

英文名 | Creeping wire vine
拉丁名 | *Muehlenbeckia axillaris*
科　名 | 蓼科

小时候纤细的枝叶，看起来非常可爱；
长大了蔓茎横生，也很有杂货风趣味。
容易照顾，几个月就能变成生意盎然的盆栽，
摆在书桌上，工作再忙也能随时放松身心舒压。

栽培方式｜喜温暖湿润，特别要求水分充足。

适合环境｜喜欢阳光，耐阴性也强，只要光线够明亮，并不会太挑剔摆放的位置。植物本身耐寒性佳，不畏寒，天冷时换个温暖地方，越冬不会有问题。

植物特色｜蔓性草本植物，茎细长暗红色，纤如铁丝，又名铁丝草。植株匍匐生长，枝条蔓生，叶小呈圆形，全缘。生性强健容易栽培，可利用吊盆种植，若长得过于茂盛杂乱，不妨动手修剪，将会更漂亮。

用土｜使用富含有机质的沙质土壤最适合，疏松、肥沃及排水良好的土壤有助于其生长。

水分管理｜喜欢湿润，保持介质和空气不要太干燥，表土若是干了，要立即浇透给水，否则叶片容易干枯脱落。

肥料｜肥不必过多，春天到秋天这段时间，每季可补充以氮磷为主的肥料。

繁殖技巧｜可用扦插或分株，扦插以秋天最理想，剪下2～3节枝条，将下端插入介质中，很快便会生根。分株则是把植物从根部分开。两者皆须注意补充水分。

应用建议｜室内种植时需有适当光照和充足水分，叶子才不会因缺水而枯黄掉落。生性强健，如果不想蔓延成灾，请经常修剪，会更清爽，也长得更好更漂亮！

｜达｜人｜示｜范｜

■纽扣藤開胃小點

材料｜玻璃纸、餐包篮、铁丝、水苔、纽扣藤

创意概念｜累了吗？来份开胃小点心吧！小餐包篮的纽扣藤，点点的活泼绿意为你带来好心情。纽扣藤属悬垂植物，枝条很长，因此先用铁丝绕成螺旋形使其攀藤，根部用水苔包覆，外边用玻璃纸隔绝，小篮子就不易脏污。

C | H | A | P | T | E | R | 5

第5章

美食般绿宠
秀色可餐的美观盆栽

欢迎来到绿宠美食屋，
这里准备了果冻般的姬玉露、蜜枣般的静御前，
还有许多看起来好好吃的可爱盆栽，
比起真的食物还更令人垂涎呢！

姬玉露
果冻般的晶莹饱满

拉丁名｜*Haworthia cooperi var. truncata*
科　名｜百合科

迷你版多肉，个头娇小，
胖嘟嘟的叶子顶端晶莹通透，
模样像玉石也像果冻。
它给人的感觉如同美女，
冰肌玉骨，姿态神秘，
让人很想将它捧在手心里，
一天多看几回也不厌倦。

观赏期｜全年1～12月
休眠期｜每年夏季6～8月
扦插适期｜秋至春季9月至隔年5月最佳

栽培方式｜放置在有光环境即可，不要曝晒。

适合环境｜不喜欢太阳曝晒，最好选择半日照或是有散射光的地方。若是光线足够、通风良好，放在室内也能长得漂亮，管理简单，可说是很棒的懒人植物。

植物特色｜生长缓慢，为多肉植物“玉露”品种之一。植株呈莲座状，叶子20～40片，叶片肉质，肥厚饱满，其晶莹剔透的顶端构造，称为“窗”，主要功能是折射阳光，可帮助植株的叶绿体进行光合作用。

用土｜介质要求透气性高，可用培养土或泥炭土混合蛭石，比例约为2∶3。

水分管理｜忌大湿大水，见盆土干燥再浇水即可，如果给水过多，会导致烂根，尤其夏季休眠期间，水分更不能多。

肥料｜秋天到第二年春天这段时间是姬玉露生长期，可施以缓效性肥，一季施肥一次即可。

繁殖技巧｜扦插或分株，于生长季左右摇晃取下叶片，直接插土即可生根，或取下母株旁的幼株，等伤口干后，平铺在介质上，浇水不宜多，很快就会长出小芽。

应用建议｜姬玉露果冻般半透明的“窗”剔透迷人，极具观赏价值。尽管只需半日照环境，还是要给它充足光线，才不致徒长、株形松散、叶片干瘦不美观等。

｜达｜人｜示｜范｜

■姬玉露水果圣代

材料｜造型果实、冰淇淋杯、姬玉露

创意概念｜徒长的姬玉露肉质呈现透明感，像QQ软糖般。将植株套进冰淇淋杯里，再搭配各种颜色的造型小果实，是不是很像好吃的水果圣代？

弦月

圆满可爱有如串串小豌豆

英文名丨String of Bananas
拉丁名丨*Senecio radicans*
科　名丨菊科

纤细的茎条上，
挂着一串串互生的绿色叶片，
像极了小香蕉或是豌豆。
说起我的名字“弦月”，
大家可能不熟悉，
但我有个名声响当当的近亲“绿之铃”，
和“大弦月”同属菊科的多肉植物。

栽培方式｜冬季型多肉，喜凉爽干燥全日照。

适合环境｜原产西非沙漠干旱地区，喜半日照、明亮、通风、凉爽干燥环境，生长适温为10～30℃。冬季可全日照；夏季若久置于全日照，叶片会晒伤导致干瘪，宜适度遮阴。

植物特色｜弦月是菊科千里光属常绿蔓性草本植物，茎条细长可达90厘米，悬垂或匍匐土面生长，但不具攀附性。叶片多肉化成球形至狭长香蕉形，叶中心有一条透明纵纹，叶片弯长呈纺锤或香蕉状，尾端微尖突起。

用土｜以排水佳的介质为宜，可用培养土混入细蛇木屑、珍珠石。或以细蛇木屑、蛭石、水苔4：3：3的比例混合。

水分管理｜浇水时应避免弄湿植株以免腐烂，叶子缺水则会皱缩。春秋生长期土干再浇；盛夏和冬季休眠期则减少浇水，保持盆土干燥。

肥料｜生长适期每3个月薄施1次综合肥，可使叶片饱满圆润，肥料不宜过浓，并要避免浇淋叶片以免叶伤。

繁殖技巧｜以扦插繁殖为主，于春、秋进行。剪取一段5～8厘米的茎节，平铺于介质上，或是基部浅埋于湿润介质，并移至阴凉处，2～3周可长出不定根。

应用建议｜除了以直径7～13厘米盆栽欣赏外，也适宜吊盆种植。在半日照、通风良好且适当浇水下，叶片会饱满有光泽；若光照不足，叶片易徒长变得较不美观。

|达|人|示|范|

■弦月午茶牛奶壶

材料｜铁丝、牛奶壶、弦月

创意概念｜牛奶壶是英式下午茶的重要角色，用来当做弦月的盆器，再用铁线做出简单的图案花插，既装饰又可成为支撑弦月的悬垂，营造出弦月曼妙轻盈的流泻动感。

阿修罗
毛边叶片就像莴苣色拉

英文名 | Huernia hibrida pillansii
拉丁名 | *Huernia macrocarpa*
科　名 | 萝藦科

具有肥厚的肉质茎，浑身还伴有突出的尖角，
所开的花朵色泽浓艳却有异味，仿佛外太空的沙丘魔堡，
而艳丽的花也好像科幻片般不真实，
给人强烈的对比印象，真正是“一花一世界”。

栽培方式｜光线要足，盆土干透再浇忌潮湿。

适合环境｜原产地在埃塞俄比亚与索马里，喜欢温暖干燥以及阳光充足环境。夏季要防止太阳直接曝晒，应加强通风及适度遮阴，以免枝端晒伤而枯槁。

植物特色｜原始样貌是根根分明的肉质茎，偶尔会因畸形变异，长成鸡冠状缀化现象，使得整株像扇形般一整片。除了植株造型特异，花形也是观赏重点，海星形花朵色彩斑斓，表面有点状突起，并具怪异臭味。

用土｜介质疏水通气能力要强，可用泥炭土加蛭石、珍珠石再搭配赤玉土。

水分管理｜土壤以“干透浇透”为原则，不可使介质闷热潮湿，盆底更不可积水。冬天要限水，否则容易烂根。

肥料｜施肥宜充足，可每个月施肥一次，以长效性颗粒肥洒于表土即可。

繁殖技巧｜以扦插为主，从母株摘下子球幼苗，放在通风有散射光处晾晒3天，再插于介质中，15～20天就会生根，注意介质不要潮湿，否则容易腐烂。

应用建议｜肥厚肉质茎呈现险峻峥嵘的山丘奇景，造型相当独特，适合置于案头供长期欣赏，但要注意给予充足日照且不宜浇水过量，否则容易株形松散且烂根。

｜达｜人｜示｜范｜

■阿修罗莴苣色拉

材料｜黑胆石、地衣、阿修罗

创意概念｜阿修罗皱折的波状叶缘像极了色拉里的莴苣，将它置于盆形浅钵，土壤表面铺上黑胆石，再铺上地衣做装饰，看起来有如丰富的叶菜色拉。给水时避开地衣，以免受潮，建议用滴管从根部给水。

波斯红草
紫苏般的红艳叶片

英文名 | Persian Shield

拉丁名 | *Perilepta dyeriana*

科　名 | 爵床科

出色亮眼的紫色斑彩，
闪烁着金属般的冷冽光泽，
静静地蛰伏在庭园一角，
却尽情伸展叶片，
让人无法忽略它夺目的美，
仿佛披上紫色战袍的金刚战士，
随时随地准备横扫千军、大展神威。

观赏期 | 春至秋季3～10月

开花期 | 每年春季3～4月

扦插适期 | 春至秋季3～10月最佳

栽培方式｜喜高湿度环境，强日曝晒易黄化。

适合环境｜喜欢湿热气候，不耐低温，冬季时应做好防寒，可强行剪短帮助休眠。以半日照最佳，阳光太强或过弱，会造成叶片黄化或生长不良。

植物特色｜多年生木质化草本植物，高可达1米，原产于缅甸、马来西亚。叶片椭圆状披针形，叶缘有锯齿，叶脉明显，叶面泛布紫色斑彩，并有金属反光的色泽。若只看叶片特征，会令人误以为是紫苏。

用土｜使用富含有机质的培养土为宜，可搭配些许泥炭土帮助保湿及保肥。

水分管理｜喜多湿，发现土表干了或叶片萎缩就要立即浇水。夏天水分要充足，冬天则减少浇水次数，并防止寒害。

肥料｜春至秋季每月施一次氮磷钾结合的肥料，冬季剪短枝叶并且停肥。

繁殖技巧｜用扦插法繁殖，全年都可进行，但以春至秋天较佳。剪下顶芽或枝条，留存顶端3～4片叶子，插于介质中，保持土壤湿润，10～20天就能发根。

应用建议｜波斯红草的叶片艳丽有光泽，极适合装点居家，可密植并以吊盆欣赏她的茂盛斑斓美感，但要注意日照充足并经常修剪以维持美观。

|达|人|示|范|

■波斯红草紫苏荞麦面

材料｜水苔、铝线、高山地衣、波斯红草

创意概念｜波斯红草的叶色和紫苏叶很像。将波斯红草置于食器浅钵中，中间用水苔作介质，表面铺上地衣，点缀出“葱白”之感，再用铝条旋绕出面条的柔软弧度，同时有助于定型，一盆好看的“紫苏荞麦面”就完成啦！

条纹十二卷

洒上糖霜的芦荟甜点

英文名 | Big band Zebra Plant

拉丁名 | *Haworthia fasciata cv. Big Band (cv. Wide Band)*

科　名 | 百合科

厚质的叶片，背面还镶着横条白斑，
仿佛植物界里的小斑马，
而喜欢品尝点心的人，
则认为像是浇淋在甜点上的糖霜，
看起来超可口！
剑形叶片呈螺旋状生长，造型漂亮，
为多肉植物最佳入门之选。

观赏期 | 全年1～12月

开花期 | 每年冬至春季12月至隔年4月

分株适期 | 春季4～6月或秋季9～11月最佳

栽培方式｜凉爽气候较易生长，浇水时间勿间隔过长。

适合环境｜有极佳耐阴性，适合半日照。阳光直射会使得叶片变成红褐色如同烧焦，从而降低观赏价值。气温太低，如10℃以下，最好移到较温暖处。

植物特色｜原产于南非，多年生草本，属硬叶系多肉植物。叶片为螺旋排列，呈放射状，叶色墨绿，叶背整齐横生一条条突起的白色斑纹。冬春季节开花，花小为筒状。母株旁边会生出小株，可摘取下来另行繁殖。

用土｜加强疏水性，以培养土混合珍珠石及蛭石，再加调赤玉土及唐山石。

水分管理｜不可因为是多肉植物便疏于浇水，生长季节水分充足，可帮助植株生长；夏季休眠期浇水则可间隔久些。

肥料｜生长季节每隔半个月可施一次肥，肥料以稀薄的液肥或缓效肥皆可。

繁殖技巧｜以分株为主，摘取老株旁所萌发的幼株，过小不宜，至少为母株的1/2或1/3较恰当，摘下后放置数日等伤口干燥，即可栽种到另一盆器之中。

应用建议｜条纹十二卷适宜半日照环境及适度给水。不适合在夏季进行换盆或分株，以免伤根之后恢复情形不理想而妨碍生长。

|达|人|示|范|

■清爽牛奶壶装条纹十二卷

材料｜白硅砂、透明玻璃牛奶壶、玻璃杯、水苔、条纹十二卷

创意概念｜条纹十二卷易于种植，只要是光线充足处都可摆放，脱盆之后以湿水苔包覆种植于透明牛奶壶及玻璃杯中，再以洁白的硅砂充分包覆遮盖住水苔，营造出有如晨间直送的新鲜牛奶的洁净意象。

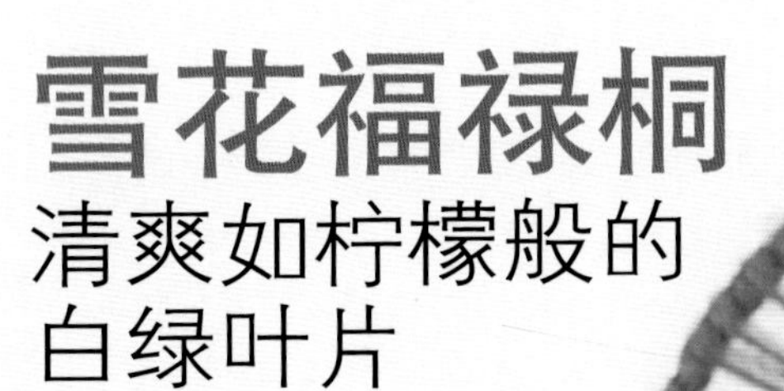

雪花福禄桐
清爽如柠檬般的白绿叶片

英文名 | Snowflake gifoyle polyscias
拉丁名 | *Polyscias fruticosa* 'Snowflake'
科　名 | 五加科

姿态自然清新，
叶形优雅多变，
室内环境也能生长良好，
装饰在阳台、玄关、客厅、
书房等处都很漂亮。
可爱的掌状叶面，
有松软的短绒毛，镶白边的叶缘，
像鸟羽般细致，随风摇曳，非常出色。

观赏期 | 全年1～12月
开花期 | 少开，若有，多在6～8月
扦插适期 | 春季3～4月最佳

栽培方式｜耐阴性高但不耐旱，土干就浇水。

适合环境｜光线适应力强，从全日照到阴暗的室内都能生长，但不耐寒，冬天寒流来袭容易落叶，若种在户外，气温低于15℃以下，要搬至室内，免受寒害。

植物特色｜新品种，也有业者称为“金掌福禄桐”，因名字寓意极好，常被当做招财纳福的象征。常绿灌木，叶呈掌裂状并带有锯齿，叶片青绿色具浅而明显的叶脉，叶缘并环绕着白边。耐阴性强，室内易存活。

用土｜不太挑剔土质，但排水性需良好，使用疏松肥沃的沙壤土最为理想。

水分管理｜性喜湿润，春到秋季浇水应充足，但不能过多，以免烂根。夏季或开冷气，叶面可常喷雾以维持空气湿度。

肥料｜肥料要充足，4～6月生长旺盛提高氮肥，冬季生长停止则应停肥。

繁殖技巧｜扦插为主，春秋均可进行，但以春季最适宜。剪下枝条约10厘米，下切口在节下约0.2厘米处，保留端部2～3片叶子，插入蛭石中，约30天可生根。

应用建议｜福禄桐耐阴性强，但是对光线剧烈变化很敏感，面临环境转变时容易发生黄叶、叶色黯淡等问题，因此自室外移至室内时，需逐步降低光度让其适应环境。

｜达｜人｜示｜范｜

■福禄桐黑森林布朗尼

材料｜松果、毛线、铁线、雪花福禄桐

创意概念｜直接将松果粘贴在花市买回的福禄桐盆栽上，快速又方便，再用毛线与铁线做出车轮状的小花插，像极了蛋糕上的酸甜柠檬。整体造型有如洒上了清爽柠檬片的黑森林布朗尼。

象牙木
芽菜般的绿油油小苗

英文名 | Ivorywood
拉丁名 | *Maba buxifolia (Rottb.) Pers.*
科　名 | 柿树科

翠绿的小树苗，油亮美丽，
总为观者带来连连惊喜。
以种子盆栽种植的象牙木，
从一颗颗小种子开始，之后努力冒出嫩芽，
到最后伸展绿叶，成为活力森林，
像照顾宝宝一样，辛苦却快乐。

栽培方式｜性喜高温，温度22～32℃最适合。

适合环境｜生性耐旱、耐风、耐盐，因而常运用为海岸防风林。作为种子盆栽，可直接种在室内，只要温度在22～32℃，保持土壤与种子湿润，便能生长良好。

植物特色｜常绿小乔木，高度可达2～5米，但生长速度缓慢。叶倒卵形，革质厚实，叶端微凹，新叶呈粉红色，成熟则转深绿色。心材质地坚硬，纹理致密有光泽，可作为房屋建材及装饰木料。

用土｜以排水性佳的壤土或沙质土壤最好，但播种育苗时要保持土表湿润。

水分管理｜播种期维持土壤及种子湿润，每2～3天喷水于土表，但不可积水。叶子长好后，5～7天浇水一次即可。

肥料｜生长缓慢，少肥。于幼苗期间薄施1～2次液肥或缓效肥。

繁殖技巧｜采用播种法，从果实中取出种子，清洗干净晾干，将芽点朝下，排列于培养土上，最后再薄覆细沙或麦饭石，喷水保持土壤湿润，20～30天即发芽。

应用建议｜象牙木在亚热带的环境中适应性高，可是幼苗仍须注意水分及日照的充足供应，其生长速度缓慢，建议不要经常修剪，让其自然成型。

｜达｜人｜示｜范｜

■象牙木日式枯山水

材料｜小沙耙、发泡炼石、水苔、白硅砂、短圆筒日式黑色圆钵、粗铝线、象牙木种子盆栽

创意概念｜将枯山水的设计手法运用在小盆栽，让你在办公室也能享受日式庭园之美。首先在圆钵最下方垫一层发泡炼石，植入已用湿水苔包覆根部的象牙木小苗，上层再铺白硅砂装饰，并用粗铝线折出的小沙耙在沙面画出波纹，可将小沙耙放在上面装饰。

碧雷鼓
浑圆小巧
就像扁豆

英文名 | Silver dollar plant
拉丁名 | *Xerosicyos danguyi*
科　名 | 葫芦科

硬质多肉的叶子，
扁扁圆圆很像扁豆，又像银币，
因而有了“银币草”的英文名，
日文名“绿之太鼓”也是
中文名“碧雷鼓”的由来。
栽培容易，不怕晒，
冬季休眠可减少浇水次数。

栽培方式｜喜温暖炎热，不耐寒冷及潮湿。

适合环境｜原产于马达加斯加岛西南部，喜温暖干燥甚至是炎热环境，一天最好接受4小时以上全日照，但不宜直接曝晒，生长适温为15～25℃，冬季不耐10℃以下低温。

植物特色｜葫芦科碧雷鼓属的多年生常绿攀缘性植物，茎直立或匍匐，茎上有攀附用的卷须。叶片互生，呈浅绿或灰青绿色圆或短椭圆形，大小约4厘米（长）×3.5厘米（宽），硬质，多肉，具短柄。开淡黄绿色小花。

用土｜不耐潮湿，适宜排水良好的沙土，或用泥炭土、珍珠石、蛭石以1∶1∶1的比例混合。

水分管理｜喜爱干燥，春、夏、秋生长适期时，土表干透再浇；晚秋及冬季休眠期，则须保持盆土干燥，数天浇一次，只要叶片不萎缩即可。

肥料｜生长季时，每月1次施以长效肥。

繁殖技巧｜可在春季扦插或播种繁殖，碧雷鼓是雌雄异株植物，雌性植株上会结果，种子在21℃时14～21天即可发芽。

应用建议｜碧雷鼓的茎具匍匐性，可用吊盆种植欣赏其蔓生姿态。若于室内种植，需设法给予每日4小时以上的全日照。盛夏时需适度遮阴。

｜达｜人｜示｜范｜

■碧雷鼓纽扣花插

材料｜各色纽扣、铁丝、碧雷鼓

创意概念｜碧雷鼓之名源自日本，碧代表绿色，叶形状似雷鼓，也像生活中的小纽扣。可搜集各色纽扣，简单地用铁丝串起来做成花插，置于同样浑圆的碧雷鼓或各种小盆栽上。

静御前

翠绿蜜枣般的心形果实

英文名 | Sizikagozen

拉丁名 | *Conophytum* 'Sizikagozen'

科　名 | 番杏科

名字来自于日本平安末期
至镰仓时代的历史人物静御前，
她舞艺精湛，被列为日本战国三大美女之一。
以之为名的静御前，
有爱心形状，还有迷人的小斑点，
小小绿宝石仿佛美女一般的细致。

栽培方式｜喜光照，加强空气对流，透气、通风。

适合环境｜长时间阳光照射，叶色才会漂亮，但是夏季阳光太猛，最好还是稍微遮阴。适合的生长温度为15～25℃，高温时注意通风，低于5℃要保暖，防冻伤。

植物特色｜原产南非的多肉植物，石头玉品系之一，日本杂交种。茎短小常看不见，叶两片对生，肉质肥厚，形如石头，色呈灰绿，表面覆满深绿小点，显得非常可爱。秋季开花，从对生叶中间长出，貌似小菊。

用土｜加强排气，以泥炭土、珍珠石、蛭石及赤玉土、唐山石等份混合调配。

水分管理｜春、秋两季生长旺盛，3～5天浇水一次，夏季休眠少浇水，冬天寒冷更要控制，且勿直接往植株上浇淋。

肥料｜少肥，每半个月施一次稀薄液肥，不可沾到叶片。花期可加强磷肥。

繁殖技巧｜多用分株或播种，居家种植以分株较方便。每年春天，植株会自叶片中间缝隙长出新叶片，数量2～3棵，将新株切分后，分别栽于新盆即可。

应用建议｜静御前属于番杏科的“石头玉”家族，照顾方式也大同小异，其生长非常缓慢，必须经过2～3年才能长到一定的大小，但是外形奇特而且花开超美，相当值得养上一株。

｜达｜人｜示｜范｜

■静御前南国沙滩

材料｜海螺、绿色水苔、贝壳沙、装饰用的毛根、一小片的海扇、玻璃盆、静御前

创意概念｜以海螺、贝壳沙、静御前在玻璃缸内营造悠闲的南国沙滩风情！静御前身上带有点点斑纹，用来扮演寄居蟹恰如其分；毛根捏出来的橘色珊瑚，让画面更加活泼亮眼，一看就让心情清爽起来。

心叶球兰

充满爱情象征的心叶

英文名｜Heart Leaf、Sweetheart Hoya、Valentine Hoya Wax Hearts

拉丁名｜*Hoya kerrii*

科　名｜萝藦科

心是爱情象征，
心叶球兰也成了
表达心意最佳献礼。
半日照条件下，
少许水分就能生长良好，
花朵更是美丽无比，
仿佛带有无限祝福。

栽培方式｜喜高温高湿半阴，但介质不宜潮湿。

适合环境｜原产于热带及亚热带亚洲、太平洋群岛一带，生长适温18～28℃。在原生环境中，多附生于森林低处岩石或林木间，适合高温高湿半日照环境。

植物特色｜萝藦科球兰属的常绿木质藤本，茎呈蔓性，茎部上具有气生根，得以攀附在树干、岩壁。叶片革质厚植，呈心形对生。夏季开出球形的伞状花序自叶腋伸出，蜡质花朵为乳白色，花冠中心红。

用土｜以排水良好为主，适合种植于蛇木柱或树皮粗糙的树干旁，促使茎蔓上爬。或以蛇木屑混合撕碎的水苔、珍珠石，或以培养土混合蛭石、珍珠石。

水分管理｜极耐旱，经常浇水对根系不好。土干再浇，介质不可潮湿积水，冬季浇水宜减少。亦可经常于茎叶喷雾可促进生长。

肥料｜每季施用一次长效肥，因生长缓慢，即使使用速效肥亦无明显功效。

繁殖技巧｜以扦插为主，适合于春至秋季进行。将枝条每2～3节剪成一段，斜插于排水良好的介质，约1个月发根。也可将单片叶子剪下扦插，会发根但不会长出新植株。

应用建议｜可用吊盆种植欣赏心叶串串悬垂，或是附生在蛇木柱上，或以单叶栽于盆中。若想促进开花，不妨经常对茎叶喷水雾，但介质不可潮湿，以免烂根。

｜达｜人｜示｜范｜

■心叶球兰的爱之画框

材料｜地衣、相框、毛线、水苔、心叶球兰

创意概念｜心叶球兰的心形可说是爱的象征。用热熔胶在相框边缘间隔地黏上地衣，中间的心叶球兰以水苔包覆茎部，再用毛线缠绕水苔增色。下方以旋成锥状的铝线塑形。浇水时将水苔的1/2浸泡水中，利用渗透保持水分即可。

雪峰

裹覆糖霜的绿色米果

英文名 | Mammillaria gracilis

拉丁名 | *Mammillaria gracilis* 'Arizona Snowcap'

科　名 | 仙人掌科

如果没有仔细看，
会以为雪峰身上开满了白花，
简直就像放烟火，热闹得不得了！
其实这些花全是刺，不过并不扎手，
而且植株强健好种，所以很受欢迎，
堪称多肉迷的收集名品。

栽培方式｜需要长时间的强光，否则易徒长。

适合环境｜喜欢强光照射，若光线不足，很容易引起植株徒长，甚至衰弱而死亡。最好是长时间全日照，植株才会壮健扎实，但植株若尚幼小，就要避免直晒。

植物特色｜也叫明香姬，原产于墨西哥，在乳突球属仙人掌中颇为著名。外观绿色，球形或柱状，无明显中刺，全身布满白色密集的边刺，但并不扎手。常自侧边长出籽球，形成壮观的丛生状态。

用土｜使用排水佳的介质，混合唐山石、珍珠石、蛭石再加些泥炭土即可。

水分管理｜极耐旱之强健品种，浇水等土壤干透再浇，并且要浇透。夏天5～7天浇一次，冬天湿冷可1个月一次。

肥料｜少量施肥，可每月一次施以氮磷钾平均的缓效肥，或者稀薄的液肥。

繁殖技巧｜以扦插繁殖，将成株侧边长出的籽球切取下来，注意籽球不能过小，等籽球伤口晒干后，放在沙土上，每日浇水一次，待长出根部即可移植盆中。

应用建议｜雪峰外表布满有如雪花般的软刺，并不扎手，对于想要欣赏仙人掌植株、开花美态，又怕刺手的人来说可是一大福音。室内栽培时还是要让它多晒太阳少浇水，植株才不致松垮衰弱。

｜达｜人｜示｜范｜

■雪国精灵小花园

材料｜贝壳沙、毛根、倒锥形白色花器、雪峰仙人掌

创意概念｜雪峰仙人掌外形有如雪花落在灌木丛上，简直就是雪景的最佳代言植物！首先用毛根做出小雪人，帮它戴上围巾，再将它和雪峰以及装饰物置于白色浅口花器，表面再铺上贝壳沙，便成为极具雪国风情的小花园。

附录

打扮你的绿色宠物

5大装饰技法完全剖析

看腻了植栽总是种在普通盆子里，

好羡慕园艺店里布置得美美的组合盆栽，自己动手做会不会很难呢?

买花器又好花钱……

其实只要了解基本的装饰技法，

就可以运用在任何植栽上，让你的绿色宠物改头换面。

装·饰·技·法·1

绑技（固定法）

如何将植物牢牢固定在各种装饰物上

绑技的功用，主要在于：

1. 帮助植物定型；
2. 以不同颜色材质缠绕介质以便装饰、上色；
3. 牵引植栽生长成想要的形状。

绑技1

固定植物

概念说明｜将植物固定于漂流木或蛇木板上！适合附生型或悬垂型的植物，例如蕨类。此时可利用水苔等易攀附介质包覆植物的附着点，同时可保持水分，避免植物根部暴露于空气中，而令植物的着根位置有所变化，还可增加视觉角度变化。

做法示范｜山苏漂流木小盆栽

步骤1　将植栽脱盆，略剥去根部上附着的土壤，并将根部松一松以便附着于新的器物。

步骤2　将直栽种进漂流木，同时填入湿水苔。

步骤3　将车缝线沿着水苔缠绕定型，以免水苔植株松散。

绑技2

装饰介质

概念说明｜该技法适用于苔玉球或造型苔球的植物，可利用毛线或其他有色线，固定塑形至想要的形状，亦可用色线的变化增加苔球的颜色效果与视觉质感。

做法示范｜绒叶凤梨毛球装饰

养护小要领｜毛线水苔球要怎么补给水分？可以用喷的吗？

建议将毛线水苔球整个浸入水中一下子，再将水沥干。不建议用喷的，因为喷在毛线上，毛线上的绒毛会将水雾隔开。

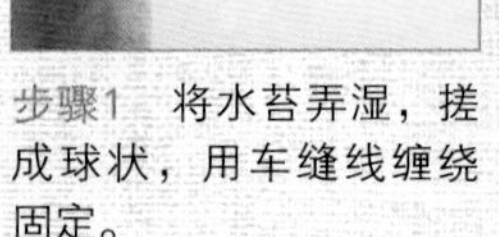

步骤1　将水苔弄湿，搓成球状，用车缝线缠绕固定。

步骤2　在搓成球状的水苔球上挖洞，将小凤梨放在上面，再用车缝线稍微缠绕定型。

步骤3　用毛线不规则地缠绕水苔球，直到均匀布满水苔球。缠的时候不宜缠太密，以免妨碍吸水。

步骤4　尾端毛线要留一小段，以便打死结将毛线水苔球固定。植株经过毛线的装饰，就成了外形红彤彤的可爱盆栽了。

绑技3

牵引生长

概念说明｜该技法又称为牵引式绿雕，利用铝条的可塑性，让植物藤蔓缠绕其上呈现不同的曲线造型，适用于所有的藤蔓类植物。亦可利用较硬的铝条配合修剪，使木本也能有造型变化。

做法示范｜常春藤小花圈

步骤1　将粗铝线折成想要的形状。

步骤2　将折好的造型铝线插入盆土。

步骤3　将盆子上的植栽藤蔓顺着铝线缠绕上去。

步骤4　用车缝线顺着铝线，帮助藤蔓依附定型，最后将剩下的线头埋入介质里。

装·饰·技·法·2

植技（密植或塞满）

团结力量大，巧妙运用植物密植之美

植技的功用，主要在于：

1. 制造森林效果；
2. 营造整齐的简约视觉；
3. 填满造型空间。

植技1

营造森林效果

概念说明｜适合木本幼苗型盆栽，密植于花器中搭配青苔，便有小森林的视觉效果，亦可用不同品种做成混生林或层次效果！

做法示范｜竹柏小森林

步骤1　先用镊子在想要的盆器介质上戳洞，再用镊子将小苗一棵棵种进洞里。

步骤2　种完整片小苗后，可在盆器表面铺上绿色水苔以保湿及装饰。

步骤3　最后在表面置放景观石块，即完成具有小森林效果的盆栽。

植技2

整齐的简约视觉

概念说明｜选择单一品种高度一致的植栽，将其种满于简约的花器中，使叶面高度一致，干净清爽不需其他装饰，便能呈现简约的绿色视觉效果。

做法示范｜蕾丝卷柏绿绒毯

步骤1　先用镊子在想要的盆器介质上戳洞，再用镊子将小苗一棵棵种进洞里。

步骤2　种完一整片的小苗之后，可用小汤匙在盆器表面铺上河沙作为装饰及固定植株。

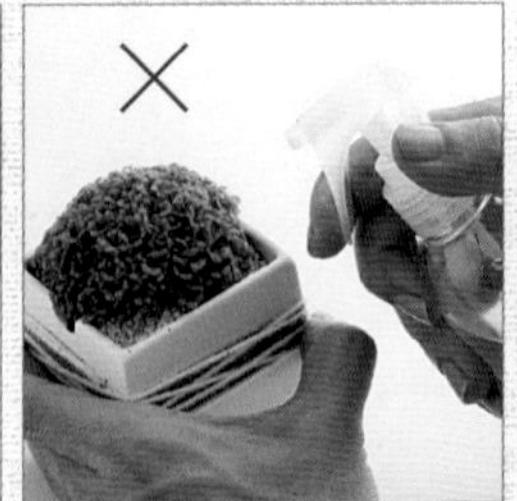

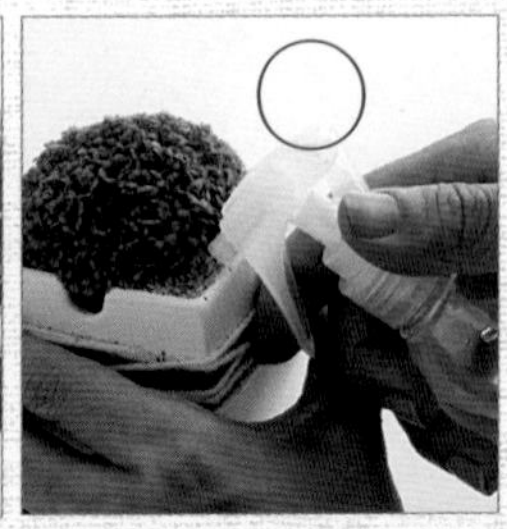

步骤3　铺完河沙之后可对着介质稍加补水，切勿喷在叶子上，否则叶子容易黏在一起导致烂掉 。

植技3

填满造型空间

概念说明｜利用不同形状的造型容器，例如饼干模或蛋糕模，将低矮的小型植物，例如绿钻或白佛甲填满其中，便能营造有如造型版画般的视觉效果。

做法示范｜白佛甲爱心摆饰

步骤1　在盆器铺上一层贝壳沙。

步骤2　将白佛甲或绿钻从根部分株，用镊子种进喜爱的造型模子里。

步骤3　将种好植栽的模子放进步骤1的盆器中，并在贝壳沙浇水保湿，即完成。

装·饰·技·法·3

贴覆（外观改造或涂鸦）

善用素材拼贴与彩绘，让空间缤纷起来

贴覆的功用，主要在于：

1. 花器表面彩绘；
2. 粘贴沙石，以改变花器外观的材质；
3. 粘贴干燥花或任何材质，以装饰花器。

贴覆1

表面彩绘

概念说明｜将植栽或花器表面彩绘，最简单的方式就是利用模型漆或广告颜料将植栽或花器外观直接改变颜色，例如海洋风就用蓝白色，禅风就用灰白黑，想增添年节气氛就涂成红色。植株上的彩绘，适度即可，面积不宜太大也不建议经常使用。

做法示范｜心叶球兰涂鸦板

步骤1　将球兰等大面积的叶片种进喜爱的花器。

步骤2　在花器的空隙处以贝壳沙填满。

步骤3　用广告颜料或油墨在球兰叶面上色或涂鸦，可尽情发挥自己的绘画想象。

贴覆2

粘贴沙石，改变花器外观的材质

概念说明 | 细小的装饰物如贝壳沙或麦饭石，甚至是撕碎的水苔，都能做出粗犷的视觉效果与触感，贝壳沙更是营造海滩风相当好的素材。可利用白胶或热熔胶等作为粘贴剂，若要质感好一点可多黏几层！

做法示范 | 白佛甲自然风盆栽

小叮咛 | 粘贴装饰物时，必须等第一层全干之后，才能涂上第二层，否则会弄混变得不均匀，甚至令第一层尚未干透的装饰物剥落，影响整体美观。

步骤1　把白胶或热熔胶糊在盆器上。

步骤2　把盆器放在贝壳沙或麦饭石上面打滚，直到装饰物均匀附着于盆器上。

步骤3　再回到步骤1用相同手法铺上第2层、第3层，不仅效果会更显著、漂亮，更有助于前一层塑形。

贴覆3

粘贴干花或任何材质，以装饰花器

概念说明｜嫌沙石的质感不够华丽吗？可选用不透水的容器，并挑选干燥植物素材如：麦秆菊，依喜好用热熔胶紧密贴合，便能做出立体且又变化的装饰花器。

做法示范｜干麦秆菊花盆

步骤1　用白胶将绿色水苔贴在盆器，水苔也可剪碎后再贴上，贴起来会更薄更均匀。

步骤2　用剪刀修剪已经贴好的绿色水苔，以使水苔平整。

步骤3　用热熔胶将麦秆菊干花数朵贴在绿色水苔上，即完成。

装·饰·技·法·4

拆解重组（将一盆盆的植栽拆掉重组）

适时拆解，组盆更灵活，层次更丰富

拆解重组的功用，主要在于：

1. 高低层次组合让盆栽更有层次感；
2. 齐头但不同色块重组是将不同颜色植栽以同样高度种在一起；
3. 群组生态组合能营造生态丰富的盆栽景观。

拆解重组1

高低层次组合

概念说明｜将不同高低的植物脱盆，必要时须减少植物的量，再依高低层次组合拼装于单一容器内。这就是最基本组合盆栽的第一要领：拆解再依需要重组。

做法示范｜五彩千年木小花坛

步骤1　市售五彩千年木盆栽往往一盆多株，可分株拆下与其他种类植栽做组盆。

步骤2　将五彩千年木、柾木等植栽，依照高低层次以及心中的构图种进盆器，种植时顺便调整植株间距不使之过密。

步骤3　在盆器表面铺上绿色水苔与小装饰物，即完成一个活泼的小花坛。

拆解重组2

齐头但不同色块重组

概念说明｜这个技法很像在抓花束，亦即将不同形态或不同颜色的植株，选择高度一样的拼装出不同的视觉效果，最简单的方式将不同颜色的两种植物分种在盆器两半，或是利用色差做出花样。

做法示范｜嫣红蔓欧风小花坛

步骤1　将湿水苔等介质填进欧风花坛状的盆器。

步骤2　将白色嫣红蔓种在盆器内侧边缘。

步骤3　将红色嫣红蔓种在盆器中心，空隙处以湿水苔填满，即完成。

拆解重组3

群组生态组合

概念说明｜将不同生态群象的植物，依照族群特性使其群聚或错落在盆器面积，就会呈现生态园般的有层次以及视觉变化，看起来极为自然。

做法示范｜色彩斑斓多肉组合盆栽

步骤1 在盆器内先铺满三分高的湿水苔等介质。将所欲造景的植物先一一分株拆开，如是单棵无法拆的植物就脱盆备用。

步骤2 将植栽依照喜好的构图一一种进盆器。

步骤3 植栽都种进盆器之后，介质表面可铺上一层贝壳沙作为装饰。

装·饰·技·法·5

添加装饰（外加饰品或制造架构）

随手取材，饰品+植栽的不败穿搭法

添加装饰的功用，主要在于：

1. 创意风格花插是利用自己设计的花插加入盆栽，让画面更丰富好看；
2. 小动物装饰是将可爱的动物摆饰放入盆中，令盆栽显得更为活泼，甚至形成动物园般的趣味感；
3. 架构制作是利用各种素材制造架构用于盆栽，可让植物攀附，增加景深。

添加装饰1

创意风格花插

概念说明 | 利用铝条或可塑形的线材，甚至剪断的冰棒棍，就可做出一个个有造型或有故事性的小型花插，加入盆栽中间便能有视觉变化或趣味性。

做法示范 | 卷柏欧风灯柱小花插

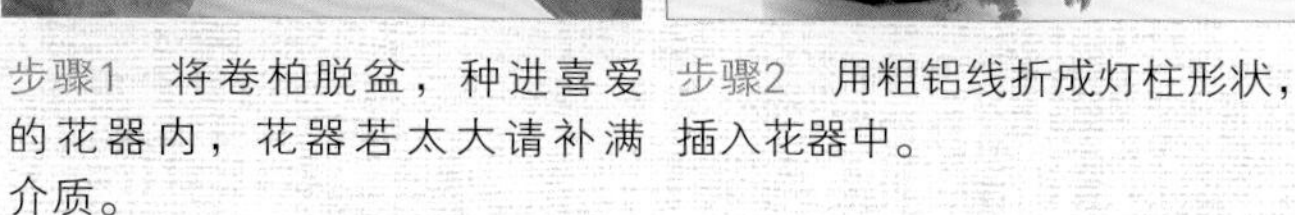

步骤1　将卷柏脱盆，种进喜爱的花器内，花器若太大请补满介质。

步骤2　用粗铝线折成灯柱形状，插入花器中。

步骤3　用铝线折成小灯笼状，然后挂在灯柱，就成为可以随风摇晃具有动感的灯柱小花插。

添加装饰2

小动物装饰

概念说明｜将小盆栽当成是自然界的大树或草皮，盆栽上可加入可爱的动物摆饰做出迷你的景观，看着看着也不禁被这些小动物给吸引了！

做法示范｜六月雪盆栽动物园

步骤1　将六月雪脱盆种进喜爱的花器里，介质若不够须补满。

步骤2　将介质表面用绿色水苔或山苔补满。

步骤3　将喜爱的小动物玩偶或可爱花插等装饰物布置在绿苔表面，即完成。

添加装饰3

架构制作

概念说明｜利用铝线枯枝或人造素材编成可透视的架构，此作法可增加视觉趣味，同时构建植物的攀附空间，弥补单盆植栽在景深上的单薄并增加张力。

做法示范｜皱叶椒草藤篮

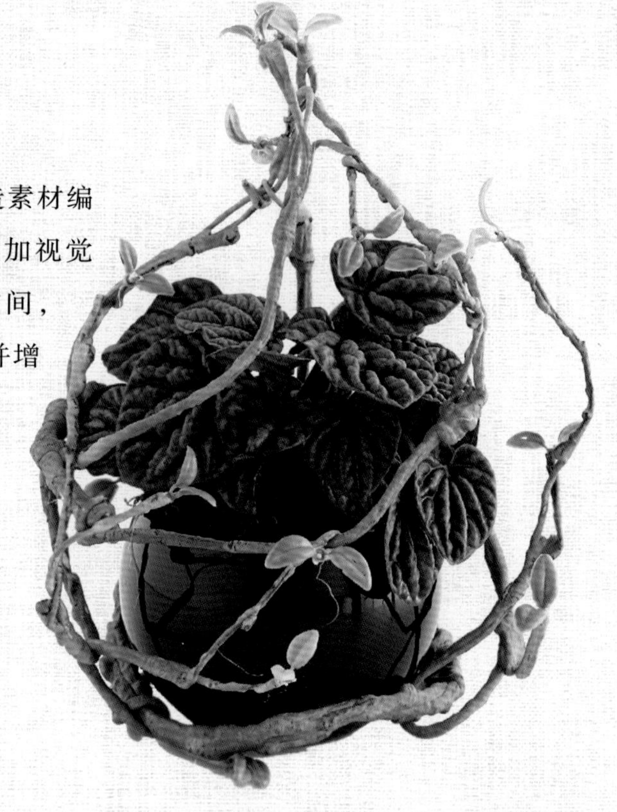

步骤1　用绿色水苔将皱叶椒草的盆土铺满，以增加盆栽的色彩丰富度。

步骤2　用人造嫩芽枝（花材店可购得）交错编结成苔球状的藤篮，藤枝交错的节间可打结加以固定。

步骤3　将步骤1的盆栽放入步骤2的镂空型结构中，即完成。

★变化技法

将藤篮上方枝条稍加变化就可做成提把，盆栽就能以吊盆形态欣赏。

超人气的
绿色宠物盆栽

图书在版编目（CIP）数据

超人气的绿色宠物盆栽 / 王胜弘，花草游戏编辑部著. -- 福州 : 福建科学技术出版社，2014.8
ISBN 978-7-5335-4574-1

Ⅰ. ①超… Ⅱ. ①王… ②花… Ⅲ. ①盆栽－观赏园艺 Ⅳ. ① S68

中国版本图书馆 CIP 数据核字（2014）第 124602 号

书　　名　超人气的绿色宠物盆栽
著　　者　王胜弘　花草游戏编辑部
出版发行　海峡出版发行集团
　　　　　福建科学技术出版社
社　　址　福州市东水路 76 号（邮编 350001）
网　　址　www.fjstp.com
经　　销　福建新华发行（集团）有限责任公司
印　　刷　福建彩色印刷有限公司
开　　本　700 毫米 ×1000 毫米　1/16
印　　张　9
图　　文　144 码
版　　次　2014 年 8 月第 1 版
印　　次　2014 年 8 月第 1 次印刷
书　　号　ISBN 978-7-5335-4574-1
定　　价　29.80 元